高职高专“十三五”规划教材

机械设计基础课程设计

蔡广新 主编　宋晓明 姚九成 张丽娜 副主编

化学工业出版社
·北京·

本书是依据高职高专机械设计基础课程设计教学要求而编写的。书中以单级圆柱齿轮减速器为设计题目，介绍了机械设计基础课程设计的全过程，内容包括总论、传动装置的总体设计、传动零件的设计计算、减速器的结构、减速器装配图设计、减速器零件工作图的设计、编写设计计算说明书和答辩、课程设计常用标准和规范等。

本书可作为高职高专院校机械类及近机类专业的教材，也可以供相关专业技术人员作为参考书。

图书在版编目（CIP）数据

机械设计基础课程设计/蔡广新主编. —北京：化学工业出版社，2019.7（2024.8重印）
高职高专“十三五”规划教材
ISBN 978-7-122-34277-5

Ⅰ.①机… Ⅱ.①蔡… Ⅲ.①机械设计-课程设计-高等职业教育-教材 Ⅳ.①TH122-41

中国版本图书馆CIP数据核字（2019）第064993号

责任编辑：韩庆利　　装帧设计：张　辉
责任校对：王鹏飞

出版发行：化学工业出版社（北京市东城区青年湖南街13号　邮政编码100011）
印　　装：北京七彩京通数码快印有限公司
787mm×1092mm　1/16　印张6½　字数153　千字　2024年8月北京第1版第2次印刷

购书咨询：010-64518888　　售后服务：010-64518899
网　　址：http://www.cip.com.cn
凡购买本书，如有缺损质量问题，本社销售中心负责调换。

定　　价：19.80元

前言

FOREWORD

机械设计基础课程设计是机械设计基础课程的重要组成部分。为解决学生在课程设计中遇到的实际问题，本书在结合我们多年的教学经验基础上编写而成，可作为高职高专机械类及近机械类各专业机械设计基础课程设计的教材。

本书的主要特点如下：

(1) 本书充分考虑目前高职高专学生的认知能力和知识基础，内容简明实用，指导性强，只介绍单级圆柱齿轮减速器的设计过程。

(2) 将减速器设计分为三大部分（传动装置总体设计、传动零件设计、结构设计）进行详细介绍，画装配图阶段需要用到哪部分知识，可去相应的章节查阅，使得画装配图步骤更清晰，学生画起来更流畅。

(3) 为使学生尽快了解设计过程，规范书写设计计算说明书，本书对设计中所涉及的计算内容，均按设计顺序给出了例题和设计计算说明书示例。

(4) 为减少篇幅，本着课程设计够用为度，摘录了部分标准、规范及其他设计资料。

参加本书编写的有承德石油高等专科学校蔡广新（第 1 章、第 5 章、第 8 章）、王雍钧（第 2 章）、宋晓明（第 3 章）、姚九成（第 6 章）、洪红伦（第 7 章），中石化石油机械股份有限公司承德江钻分公司张丽娜（第 4 章）。全书由蔡广新任主编，负责统稿，宋晓明、姚九成、张丽娜任副主编。

由于编者的水平和实践知识所限，书中难免有欠妥之处，恳请使用本书的读者批评指正。

编　者

目录

CONTENTS

第1章 总论

1.1 课程设计的目的

“机械设计基础”课程是培养学生机械设计能力的技术基础课。课程设计则是“机械设计基础”课程的重要实践环节，其基本目的是：

（1）通过课程设计使学生综合运用机械设计基础课程及有关先修课程的理论知识，掌握一定的机械设计技能，并通过实际设计训练巩固和提高所学的理论知识。

（2）通过课程设计的实践，使学生掌握机械设计的一般方法和步骤，培养学生独立的设计能力。

（3）通过课程设计，学习运用设计资料、手册、标准、规范的能力，学会编写设计计算说明书，提高综合素质。

（4）树立正确的设计思想、严谨的工作作风，培养耐心细致的良好习惯。

1.2 课程设计的题目和内容

1.2.1 课程设计题目

机械设计基础课程设计题目多采用齿轮减速器，这是因为齿轮减速器广泛应用于机械制造和各行业的机械传动中，是具有代表性、典型性的通用部件，不仅能充分反映机械设计课程的主要内容，还能使学生受到较全面的基本技能训练。

（1）带式输送机传动方案　见图1-1。

（2）工作条件　输送机单向运转，两班制工作，载荷变化不大，空载启动，大修期限为8年（每年按300个工作日计算），输送带速度允许有±5%的误差，滚筒效率$\eta_W=0.95$。

（3）分组数据　见表1-1～表1-4。

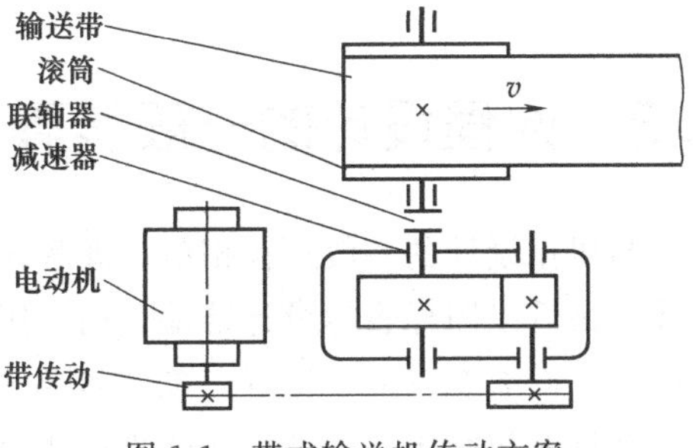

图1-1　带式输送机传动方案

1.2.2 课程设计的内容

课程设计的任务是在给定题目参数的情况下，用两周的时间完成减速器的设计，内容包括：

（1）减速器装配图一张；

表 1-1　分组数据（一）

参　　数	题　　号									
	1	2	3	4	5	6	7	8	9	10
输送带拉力 F/kN	3.2	3.1	3	2.9	2.8	2.7	2.6	2.5	2.4	2.3
输送带速度 v/(m/s)	1.2	1.2	1.3	1.3	1.4	1.4	1.6	1.6	1.8	1.8
滚筒直径 D/mm	290	295	300	305	310	315	320	290	280	300

表 1-2　分组数据（二）

参　　数	题　　号									
	1	2	3	4	5	6	7	8	9	10
输送带拉力 F/kN	2.6	2.7	2.8	2.9	2.5	2.7	2.6	2.5	2.4	2.3
输送带速度 v/(m/s)	1.4	1.4	1.3	1.3	1.4	1.4	1.5	1.6	1.6	1.6
滚筒直径 D/mm	320	325	330	315	310	320	300	310	285	310

表 1-3　分组数据（三）

参　　数	题　　号									
	1	2	3	4	5	6	7	8	9	10
输送带拉力 F/kN	2.3	2.0	2.2	2.4	2.5	2.4	2.6	2.5	2.3	2.2
输送带速度 v/(m/s)	1.4	1.6	1.5	1.3	1.2	1.85	1.7	1.75	1.95	2.0
滚筒直径 D/mm	350	400	350	300	300	450	400	400	450	450

表 1-4　分组数据（四）

参　　数	题　　号									
	1	2	3	4	5	6	7	8	9	10
输送带拉力 F/kN	2.5	2.8	2.7	2.4	2.6	7.0	8.2	6.5	8.5	7.5
输送带速度 v/(m/s)	1.8	1.6	1.6	1.8	1.7	0.8	0.7	0.9	0.65	0.75
滚筒直径 D/mm	450	400	400	450	400	350	400	350	300	400

（2）零件工作图 1～2 张；

（3）设计计算说明书一份。

1.3　课程设计的一般步骤

与机械设计的一般过程相似，课程设计也大体从方案分析开始，进行必要的计算和结构设计，最后以图样表达设计结果。由于影响因素很多，机械零件的结构尺寸不可能完全由计算确定，而需要借助于图样，初选参数或初估尺寸等手段，并通过边画图、边计算、边修改，即计算与画图交叉进行来逐步完成设计。

课程设计大体按以下几个步骤进行：

（1）设计准备。学生应在教师指导下，根据学习情况合理分组（一般要求两人一组），认真研究选择设计的带式输送机结构，明确设计要求，了解设计内容，通过参观实物以及进行减速器拆装实验等，拟定设计计划。

（2）传动装置的总体设计。确定传动方案，选择电动机，确定总传动比和分配各级传动比，计算各轴的转速、转矩和功率。

（3）传动零件的设计计算。根据各轴的转速、转矩和功率，设计计算带传动和齿轮传动的主要参数和尺寸。

（4）减速器装配草图的绘制。选择联轴器，选择轴承；初定轴径，设计轴并校核轴及键的强度；校核轴承寿命；进行箱体结构及其附件的设计。

（5）完成减速器正式装配图。绘制正式装配图，标注尺寸和配合，编写技术要求，零件明细表和标题栏等。

（6）绘制零件图。

（7）整理和编写设计计算说明书。

（8）设计总结和准备答辩。

1.4 课程设计中应注意的问题

（1）熟悉和利用已有资料，以减少重复工作、加快设计进度，提高设计质量，但不能盲目地、机械地抄袭资料。

（2）设计中要正确运用标准和规范，要注意一些尺寸需要圆整为标准数列和优先数列，如箱体尺寸等。但对于一些有严格几何关系的尺寸，如齿轮传动的啮合尺寸参数，则必须保证其止确的几何关系，而不能随意圆整。

（3）注意强度计算与结构和工艺等要求的关系。任何机械零件的尺寸，都不应只按理论计算来确定，计算值只是确定尺寸的基础，而确定尺寸应综合考虑零件的结构、加工、装配、经济性和使用条件等。

（4）设计过程是计算和画图交叉进行的，边计算、边画图、反复修改是设计的正常过程，必须耐心、认真地对待。

（5）应及时记录和整理计算数据，如有变动应及时修正，供下一步设计及编写设计说明书时使用。

（6）要注意掌握设计进度，每一阶段的设计都要认真检查，避免出现重大错误，影响下一阶段设计。

1.5 课程设计的进度计划

机械设计基础课程设计一般安排在两周内完成，有效工作时间为10天，设计时间安排参考表1-5。

表1-5 设计进度安排

设计项目	设计内容	设计要求	评价考核标准	学时分配
1. 设计准备	熟悉任务书，明确设计要求和内容 阅读设计指导书、有关资料和图纸	熟悉任务，明确要解决的问题，查阅资料	思路清晰，准备充分	0.5天

续表

设计项目	设计内容	设计要求	评价考核标准	学时分配
2. 传动装置总体设计	确定或选择传动装置的传动方案 选择电动机类型、功率或转速等 计算传动装置的总传动比和分配各级传动比 计算各轴转速、功率和转矩等	按设计任务进行设计计算	计算过程中,各种原始资料利用准确,计算无误、可靠	0.5天
3. 传动件的设计	选择联轴器的类型和型号 V带传动、齿轮传动的设计计算、轴系零件的设计等	设计计算各级传动件的参数和尺寸,并进行计算	运用设计资料如手册、图册以及进行经验估算等,妥当、熟练	1天
4. 绘制装配草图	确定减速器结构和有关尺寸 绘制装配草图,进行轴、轴上零件和轴承组合的结构设计 校核轴的强度,校核滚动轴承寿命 进行减速器箱体结构及附件的设计	确定减速器的结构和有关尺寸,并绘制装配草图	零件的结构和形状不可能完全由计算确定,尚需借助结构设计、初选参数或初估尺寸、经验数据等,边计算边修改来逐步完成	3天
5. 绘制装配图	画底线图,剖面线 选择配合、标注尺寸,编写零件序号,列出明细表和标题栏 加深线条、整理图面 书写技术条件、减速器特性等	绘制减速器装配总图	图纸绘制按照标准完成,图面标注符合要求,图面清晰、整洁	2.5天
6. 绘制零件工作图	绘制从装配图中拆出的零件工作图,如齿轮、轴类零件	绘制零件图	图纸绘制按照标准完成,图面标注符合要求,图面清晰、整洁	1天
7. 编写设计计算说明书	编写设计计算说明书,内容包括所有的计算,并附有必要的简图,注明设计计算的依据	按照《机械设计基础课程设计任务指导书》完成设计计算说明书	步骤清楚,依据来源准确,计算精确,字迹工整	1天
8. 准备答辩	总结课程设计中的收获和不足之处,阐述课程设计的指导思想,并回答老师的提问	阐述整个设计的收获和要点,总结不足	思路清晰,回答问题流畅,问题总结的有相应水平	0.5天

第2章 传动装置的总体设计

传动装置的总体设计内容为：确定传动方案、选择电动机、总传动比计算与各级传动比分配、传动装置的运动参数和动力参数的计算，为设计各级传动件和装配图提供条件。

2.1 确定传动方案

传动装置用以传递运动和动力，变换运动形式以满足工作机的工作要求。实际传动中形式很多，应根据具体情况来确定传动方案，确定传动方案时应注意常用机械传动方式的特点及其在布局上的要求：

（1）带传动平稳性好，能缓冲吸振，但承载能力小，宜布置在高速级。

（2）链传动平稳性差，且有冲击、振动，宜布置在低速级。

（3）开式齿轮传动的润滑条件差，磨损严重，应布置在低速级。

（4）圆锥齿轮、斜齿轮宜布置在高速级。

课程设计题目中的传动方案较简单，原动机为电动机，工作机为带式输送机。传动方案采用了两级降速传动，第一级为带传动，第二级为单级圆柱齿轮减速器。带传动布置在高速级，可以起到过载保护的作用，还可缓和冲击和振动。低速级使用齿轮减速器，具有传动效率高、寿命长、使用维护方便等优点。

2.2 选择电动机

电动机已标准化、系列化。应按照工作机的要求，根据选择的传动方案，选择电动机的类型、结构形式、功率和转速，并在产品目录中查出其型号和尺寸。

2.2.1 选择电动机的类型和结构形式

工程实践中一般选用Y系列三相交流异步电动机，这种电动机结构简单，启动性能好，工作可靠，价格低廉，维护方便，适用于无特殊要求的各种机械设备，如运输机、机床、鼓风机、农业机械和轻工机械中。为满足不同的安装需要，同一类型的电动机制成几种安装形式，并以不同的机座号来区别，可按需要选用。

2.2.2 确定电动机的功率

电动机的功率选择直接影响到电动机工作性能和经济性能的好坏。如果所选电动机的功率小于工作要求，则不能保证工作机正常工作，使电动机经常过载、发热而过早损坏；如果所选电动机的功率过大，则电动机经常不能满载运行，功率因数和功率较低，从而增加电能消耗，造成浪费。因此在设计中一定要选择合适的电动机功率。

电动机的功率一般是根据工作机所需要的功率大小和中间机械传动装置的效率以及机器的工作条件来确定的。课程设计的题目一般为长期连续运转、载荷不变或很少变化的机械，确定电动机功率的原则是：电动机的额定功率 P_m 等于或略大于电动机所需功率 P_d，即 $P_m \geqslant P_d$，这样电动机在工作时就不会过热。

(1) 计算工作机所需功率 P_W　可根据设计题目给定的工作机参数（F、v 或 T、n）按下式计算

$$P_W = \frac{Fv}{1000\eta_W} \tag{2-1}$$

或

$$P_W = \frac{Tn_W}{9550\eta_W} \tag{2-2}$$

式中　F——工作机的工作阻力，N；

v——工作机的线速度，m/s；

T——工作机的阻力矩，N·m；

n_W——工作机的转速，r/min；

η_W——工作机的效率，对于带式输送机，一般取 0.94～0.96。

输送带速度 v 与滚筒直径 D（mm）、滚筒轴转速 n_W 的关系为

$$n_W = \frac{60 \times 1000v}{\pi D} (\text{r/min}) \tag{2-3}$$

(2) 计算电动机所需功率 P_d　电动机所需功率根据工作机所需功率和传动装置的总效率按下式计算

$$P_d = \frac{P_W}{\eta} \tag{2-4}$$

式中　η——由电动机至工作机的传动装置总效率，其值为组成传动装置的各个运动副效率的连乘积，即

$$\eta = \eta_1 \eta_2 \eta_3 \cdots \eta_n \tag{2-5}$$

式中　η_1、η_2、η_3、…、η_n——传动装置中各传动副（如 V 带传动、齿轮传动）、轴承、联轴器的效率，其概略值可按表 2-1 选取。

表 2-1　各类机械传动效率的概略值

传动类型	效　率	传动类型	效　率
圆柱齿轮传动	0.96～0.99	弹性联轴器	0.99～0.995
V 带传动	0.96	十字滑块联轴器	0.97～0.99
滚动轴承(一对)	0.98～0.99		

计算传动装置的总效率时需注意以下几点：

① 若表中所列为效率值的范围时，一般可取中间值。若工作条件差、加工精度低和维护不良时，应取低值，反之取高值。

② 同类型的几对传动副、轴承或联轴器，均应单独计入总效率，如两级齿轮传动副的效率应为其两个效率的乘积。

③ 轴承效率均指一对轴承而言。

2.2.3 确定电动机的转速

同一类型，相同额定功率的电动机也有几种不同的转速。低转速电动机的级数多、外廓尺寸及重量较大、价格较高，但可使传动装置的总传动比及尺寸减小，高转速电动机则与其相反。设计时应综合考虑各方面因素选取适当的电动机转速。三相异步电动机有四种常用的同步转速，即 3000r/min、1500r/min、1000r/min、750r/min，课程设计时多选用同步转速为 1500r/min 或 1000r/min 的电动机。

选择电动机转速时，可先根据工作机的转速 n_W 和传动系统中各级传动的常用传动比范围，推算出电动机转速的可选范围，即

$$n_d=(i_1 i_2 i_3 \cdots i_n)\ n_W \tag{2-6}$$

式中　n_d——电动机可选取转速范围；

i_1、i_2、i_3、…、i_n——各级传动机构的合理传动比范围，见表 2-2。

表 2-2　各级传动机构的合理传动比范围

传动类型		传动比的推荐值	传动比的最大值
圆柱齿轮传动	一级减速器	3～5	≤10
	二级减速器	8～40	≤60
V带传动		2～4	≤7

2.2.4 选择电动机的型号

根据确定的电动机的类型、结构、功率和转速，可由表 2-3、表 2-4 查取 Y 系列电动机型号及外形尺寸，并将相关数据记录备用。表 2-3 中，Y 系列电动机的型号由四部分组或，第一部分汉语拼音字母“Y”表示异步电动机；第二部分数字表示机座中心高；第三部分英文字母表示机座长度（“S”为短机座，“M”为中机座，“L”为长机座），字母后的数字表示铁芯长度，第四部分横线后的数字表示电动机的极数。例如，电动机型号 Y132S2-2 表示异步电动机，机座中心高为 132mm，短机座，极数为 2。

表 2-3　Y 系列电动机的技术数据

电动机型号	额定功率 /kW	满载转速 /(r/min)	电动机型号	额定功率 /kW	满载转速 /(r/min)
同步转速 1000r/min			同步转速 1500r/min		
Y123S-6	3	960	Y100L-4	3	1420
Y132M1-6	4	960	Y112M-4	4	1440
Y132M2-6	5.5	960	Y132S-4	5.5	1440
Y160M-6	7.5	970	Y132M-4	7.5	1440
Y160L-6	11	970	Y160M-4	11	1460

在连续运转的条件下，电动机发热不超过许可温升的最大功率称为额定功率。当负荷达到额定功率时的电动机转速称为满载转速。课程设计过程中进行传动装置的传动零件设计时所用到的功率，以电动机实际所需功率 P_d 作设计功率。若设计通用传动装置，则以电动机额定功率作设计功率。而转速均按电动机额定功率下的满载转速 n_m 来计算。

表 2-4 机座带底脚、端盖无凸缘电动机的安装及外形尺寸 mm

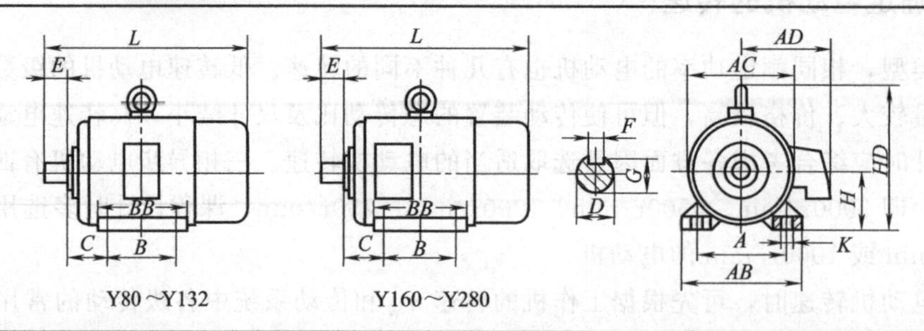

机座号	级数	A	B	C	D		E	F	G	H	K	AB	AC	AD	HD	BB	L
100L	2、4、6	160	140	63	28	+0.009 −0.004	60	8	24	100	12	205	205	180	245	170	380
112M		190		70						112		245	230	190	265	180	400
132S	2、4、6、8	216		89	38	+0.018 +0.002	80	10	33	132		280	270	210	315	200	475
132M			178													238	515
160M		254	210	108	42		110	12	37	160	15	330	325	255	385	270	600

2.3 总传动比计算与各级传动比分配

2.3.1 总传动比的计算

由选定电动机的满载转速 n_{m} 和工作机的转速 n_{W}，可计算出传动装置的总传动比为

$$i=\frac{n_{\mathrm{m}}}{n_{\mathrm{W}}} \tag{2-7}$$

若传动装置由多级传动组成，则总传动比应为各分级传动比的连乘积，即

$$i=i_1 i_2 i_3 \cdots i_n$$

2.3.2 各级传动比分配

计算出总传动比后，应合理地分配各级传动比，限制传动件的圆周速度以减小动载荷，降低传动精度等级，也可使传动装置得到较小的外廓尺寸或减轻重量，达到降低成本和结构紧凑的目的。分配各级传动比时主要应考虑以下几点：

（1）各级传动的传动比应在推荐的范围内选取，参见表 2-2。

（2）应使传动装置的结构尺寸较小、重量较轻。如图 2-1 所示，当二级减速器的总中心距和总传动比相同时，传动比分配方案不同，减速器的外廓尺寸也不同。粗实线所示结构（高速级传动比 $i_1=5$，低速级传动比 $i_2=4.1$）具有较小的外廓尺寸，这是大齿轮直径较小的缘故。

（3）应使各传动件的尺寸协调，结构匀称、合理，避免互相干涉碰撞。例如，由带传动和齿轮减速器组成的传动中，一般应使带传动的传动比小于齿轮传动的传动比。如果带传动的传动比过大，大带轮半径大于减速器输入轴中心高度而与底座相碰，如图 2-2 所示。

（4）在二级减速器中，高速级和低速级的大齿轮直径应尽量相近，以利于浸油润滑。推荐高速级传动比 $i_1=(1.3\sim1.5)i_2$。

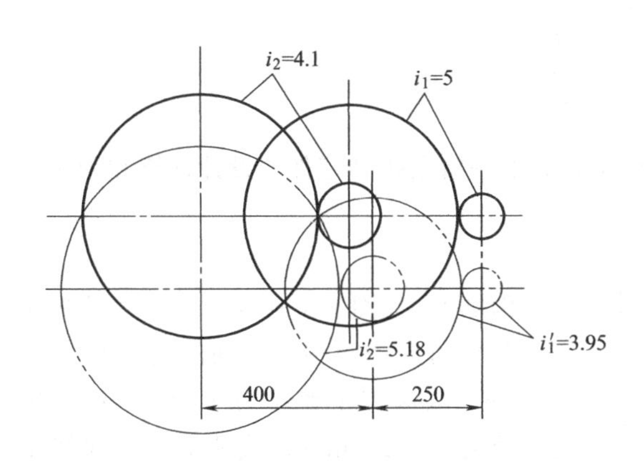

图 2-1　传动比分配方案对外廓尺寸的影响

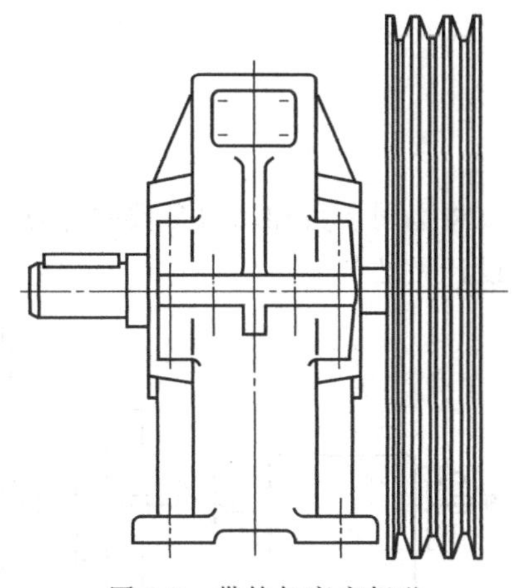

图 2-2　带轮与底座相碰

应当指出，传动装置的实际传动比要由选定的齿轮齿数或带轮基准直径准确计算，考虑齿数要取整数，带轮直径要圆整，有时还要取标准值等，所以精确传动比与设定的传动比之间会有误差。通常传动装置总传动比的误差应限制在±5%范围内。传动比计算时，要求精确到小数点后二位有效数字。

2.4　传动装置的运动参数和动力参数的计算

为进行传动件的设计计算，应先推算出各轴的转速、功率和转矩。一般按电动机至工作机之间运动传递的路线推算各轴的运动参数和动力参数。设各轴由高速级至低速级依次编号为Ⅰ轴、Ⅱ轴、…（电动机轴除外），各轴的转速为 n_{I}、n_{II}、…；各轴的输入功率为 P_{I}、P_{II}、…；各轴的转矩为 T_{I}、T_{II}、…。

（1）各轴转速

$$n_{\mathrm{I}}=\frac{n_{\mathrm{m}}}{i_0}$$

$$n_{\mathrm{II}}=\frac{n_{\mathrm{I}}}{i_1}=\frac{n_{\mathrm{m}}}{i_0 i_1}$$

$$n_{\mathrm{III}}=\frac{n_{\mathrm{II}}}{i_2}=\frac{n_{\mathrm{m}}}{i_0 i_1 i_2}$$

式中　i_0、i_1、i_2——电动机轴至Ⅰ轴、Ⅰ轴至Ⅱ轴、Ⅱ轴至Ⅲ轴的传动比。

（2）各轴功率

$$P_{\mathrm{I}}=P_{\mathrm{d}}\eta_{01}$$

$$P_{\mathrm{II}}=P_{\mathrm{I}}\eta_{12}=P_{\mathrm{d}}\eta_{01}\eta_{12}$$

$$P_{\mathrm{III}}=P_{\mathrm{II}}\eta_{23}=P_{\mathrm{d}}\eta_{01}\eta_{12}\eta_{23}$$

式中　η_{01}、η_{12}、η_{23}——电动机轴与Ⅰ轴、Ⅰ轴与Ⅱ轴、Ⅱ轴与Ⅲ轴间的传动效率。

（3）各轴转矩

$$T_{\mathrm{I}}=9550\frac{P_{\mathrm{I}}}{n_{\mathrm{I}}}$$

$$T_{\text{II}}=9550\frac{P_{\text{II}}}{n_{\text{II}}}$$

$$T_{\text{III}}=9550\frac{P_{\text{III}}}{n_{\text{III}}}$$

将运动参数和动力参数的计算结果整理记录，为下一阶段传动零件的设计计算和轴的结构设计做准备。

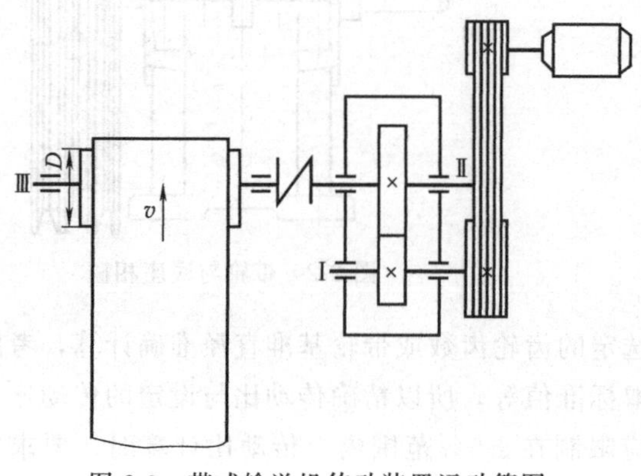

图 2-3　带式输送机传动装置运动简图

例 2-1　如图 2-3 所示为一带式输送机传动装置的运动简图。已知滚筒直径 $D=300\text{mm}$，输送带工作拉力 $F=2800\text{N}$，输送带速度 $v=1.2\text{m/s}$，载荷平稳，连续单向运转，两班制工作，使用寿命 10 年，每年 300 工作日。滚筒效率（包括一对轴承）$\eta_{\text{W}}=0.95$。试选择电动机，计算传动装置的总传动比并分配各级传动比，计算传动装置中各轴的运动参数和动力参数。

解　(1) 选择电动机

① 选择电动机的类型　按工作要求和条件，选用 Y 系列三相异步电动机。

② 确定电动机功率　工作机所需功率为

$$P_{\text{W}}=\frac{Fv}{1000\eta_{\text{W}}}=\frac{2800\times1.2}{1000\times0.95}=3.54(\text{kW})$$

电动机所需功率按下式计算

$$P_{\text{d}}=\frac{P_{\text{W}}}{\eta}$$

式中　η——由电动机至滚筒的总效率（其中包括 V 带传动、一对齿轮传动、两对滚动轴承、一个联轴器的效率）。

由表 2-1 查得：V 带传动 $\eta_{带}=0.96$，一对齿轮 $\eta_{齿轮}=0.97$，一对滚动轴承 $\eta_{轴承}=0.99$，弹性联轴器 $\eta_{联轴器}=0.99$，因此总效率为

$$\eta=\eta_{带}\ \eta_{齿轮}\eta_{轴承}{}^{2}\eta_{联轴器}=0.96\times0.97\times0.99^{2}\times0.99=0.904$$

$$P_{\text{d}}=\frac{P_{\text{W}}}{\eta}=\frac{3.54}{0.904}=3.92(\text{kW})$$

选取电动机额定功率 $P_{\text{m}}\geqslant P_{\text{d}}$，查表 2-3 取 $P_{\text{m}}=4\text{kW}$。

③ 确定电动机转速　工作机滚筒轴转速 n_{W} 为

$$n_{\text{W}}=\frac{60\times1000v}{\pi D}=\frac{60\times1000\times1.2}{\pi\times300}=76.4(\text{r/min})$$

根据表 2-2 推荐的合理传动比范围，取 V 带传动的传动比 $i_{带}=2\sim4$，一级齿轮减速器的传动比 $i_{齿轮}=3\sim5$，则合理总传动比的范围为 $i_{总}=6\sim20$，故电动机转速的可选范围为

$$n_{\text{m}}=i_{总}\ n_{\text{W}}=(6\sim20)\times76.4=458\sim1528(\text{r/min})$$

符合这一范围的同步转速有 750r/min、1000r/min、1500r/min 三种，综合考虑电动机和传动装置的尺寸、重量以及带传动和减速器的传动比，查表 2-3，选择同步转速为 1000r/min 的 Y 系列电动机 Y132M1-6，所选电动机的额定功率 $P_{\text{m}}=4\text{kW}$，满载转速 $n_{\text{m}}=960\text{r/min}$，

总传动比适中，传动装置结构较紧凑。查表 2-4 得所选电动机的主要外形尺寸和安装尺寸。

（2）计算传动装置的总传动比并分配各级传动比

① 传动装置的总传动比为

$$i=\frac{n_m}{n_W}=\frac{960}{76.4}=12.57$$

② 分配各级传动比　本传动装置由带传动和齿轮传动组成，$i=i_{带} i_{齿轮}$，为使减速器部分设计方便，取齿轮传动比 $i_{齿轮}=4$，则带传动的传动比为

$$i_{带}=\frac{i}{i_{齿轮}}=\frac{12.57}{4}=3.14$$

所得带传动传动比的值符合 V 带传动比的常用范围。

（3）计算传动装置的运动参数和动力参数

① 各轴转速

Ⅰ轴　$$n_{\mathrm{I}}=\frac{n_m}{i_{带}}=\frac{960}{3.14}=305.73(\mathrm{r/min})$$

Ⅱ轴　$$n_{\mathrm{II}}=\frac{n_{\mathrm{I}}}{i_{齿轮}}=\frac{305.73}{4}=76.43(\mathrm{r/min})$$

滚筒轴　$$n_{滚筒}=n_{\mathrm{II}}=76.43(\mathrm{r/min})$$

② 各轴功率

Ⅰ轴　$$P_{\mathrm{I}}=P_d\eta_{01}=P_d\eta_{带}=3.92\times0.96=3.76(\mathrm{kW})$$

Ⅱ轴　$$P_{\mathrm{II}}=P_{\mathrm{I}}\eta_{12}=P_{\mathrm{I}}\eta_{齿轮}\eta_{轴承}=3.76\times0.97\times0.99=3.61(\mathrm{kW})$$

滚筒轴　$$P_{滚筒}=P_{\mathrm{II}}\eta_{2滚筒}=P_{\mathrm{II}}\eta_{轴承}\eta_{联轴器}=3.61\times0.99\times0.99=3.54(\mathrm{kW})$$

③ 各轴转矩

电动机轴　$$T_d=9550\frac{P_d}{n_m}=9550\times\frac{3.92}{960}=39(\mathrm{N\cdot m})$$

Ⅰ轴　$$T_{\mathrm{I}}=9550\frac{P_{\mathrm{I}}}{n_{\mathrm{I}}}=9550\times\frac{3.76}{305.73}=117.45(\mathrm{N\cdot m})$$

Ⅱ轴　$$T_{\mathrm{II}}=9550\frac{P_{\mathrm{II}}}{n_{\mathrm{II}}}=9550\times\frac{3.61}{76.43}=451.07(\mathrm{N\cdot m})$$

滚筒轴　$$T_{滚筒}=9550\frac{P_{滚筒}}{n_{滚筒}}=9550\times\frac{3.54}{76.43}=442.33(\mathrm{N\cdot m})$$

根据以上计算列出传动装置的运动参数和动力参数，见下表：

参　数	电动机轴	Ⅰ轴	Ⅱ轴	滚筒轴
转速/(r/min)	960	305.73	76.43	76.43
功率/kW	3.92	3.76	3.61	3.54
转矩/(N·m)	39	117.45	451.07	442.33

第3章 传动零件的设计计算

在进行减速器装配图设计之前，必须先求得各级传动件的尺寸、参数，并选好联轴器的类型和规格。为使设计减速器的原始条件比较准确，一般先计算减速器的外传动件（带传动、链传动、开式齿轮传动等，本书课程设计题目只涉及带传动），然后计算其内传动件(齿轮传动)。

3.1 普通V带传动设计

3.1.1 带传动设计的主要内容

根据已知的传动参数和工作条件，确定带的型号、基准长度和根数，传动中心距，小带轮包角，初拉力及张紧装置、对轴的作用力，带轮的材料、结构和尺寸等。

3.1.2 设计中应注意的问题

(1) 应注意检查带轮尺寸与传动装置外廓尺寸的相互关系，例如小带轮直径是否大于电动机中心高，大带轮是否过大与机架相碰等。

(2) 大带轮轴孔直径和宽度应与减速器输入轴轴伸尺寸相适应。带轮轮毂宽度与带轮的宽度不一定相同，一般轮毂宽度 B 按轴孔直径 d 的大小确定，取 $B=(1.5\sim2)d$，而轮缘宽度则取决于带的型号和根数。

(3) 由确定的带轮直径计算实际传动比和大带轮转速，并以此修正减速器传动比和输入转矩。

例 3-1 传动方案同例 2-1，试设计该传动装置中的普通 V 带传动。

解 由例 2-1 可知：所需电动机输出功率为 $P_d=3.92\text{kW}$（电动机额定功率 $P_m=4\text{kW}$），满载转速 $n_m=960\text{r/min}$，传动比 $i_{带}=3.14$。

(1) 选择 V 带类型

根据工作条件，查表 3-1 取 $K_A=1.2$

$$P_c=K_AP=K_AP_d=1.2\times3.92=4.7(\text{kW})$$

由 $n_m=960\text{r/min}$，$P_c=4.7\text{kW}$，查图 3-1，选用 A 型 V 带。

(2) 确定带轮基准直径

由图 3-1 知，推荐的小带轮直径为 112～140mm，按表 3-2 取 $d_{d1}=125\text{mm}>d_{dmin}=112\text{mm}$。故有 $d_{d2}=i_{带}\ d_{d1}=3.14\times125=392.5\text{mm}$。

由表 3-2，取 $d_{d2}=400\text{mm}$

(3) 验算带速

$$v=\frac{\pi d_{d1} n_1}{60\times1000}=\frac{\pi\times125\times960}{60\times1000}=6.28(\mathrm{m/s})$$

带速在 5～25m/s 范围内，合适。

表 3-1　工作情况系数 K_A

工况		K_A					
		空、轻载启动			重载启动		
		每天工作小时数/h					
		<10	10～16	>16	<10	10～16	>16
载荷变动最小	液体搅拌机、通风机和鼓风机（≤7.5kW）、离心式水泵和压缩机、轻载荷输送机	1.0	1.1	1.2	1.1	1.2	1.3
载荷变动小	带式输送机（不均匀载荷）、通风机（>7.5kW）、旋转式水泵和压缩机（非离心式）、发电机、金属切削机床、印刷机、旋转筛、锯木机和木工机械	1.1	1.2	1.3	1.2	1.3	1.4
载荷变动较大	制砖机、斗式提升机、往复式水泵和压缩机、起重机、磨粉机、冲剪机床、橡胶机械、振动筛、纺织机械、重载输送机	1.2	1.3	1.4	1.4	1.5	1.6
载荷变动很大	破碎机（旋转式、颚式等），磨碎机（球磨、棒磨、管磨）	1.3	1.4	1.5	1.5	1.6	1.8

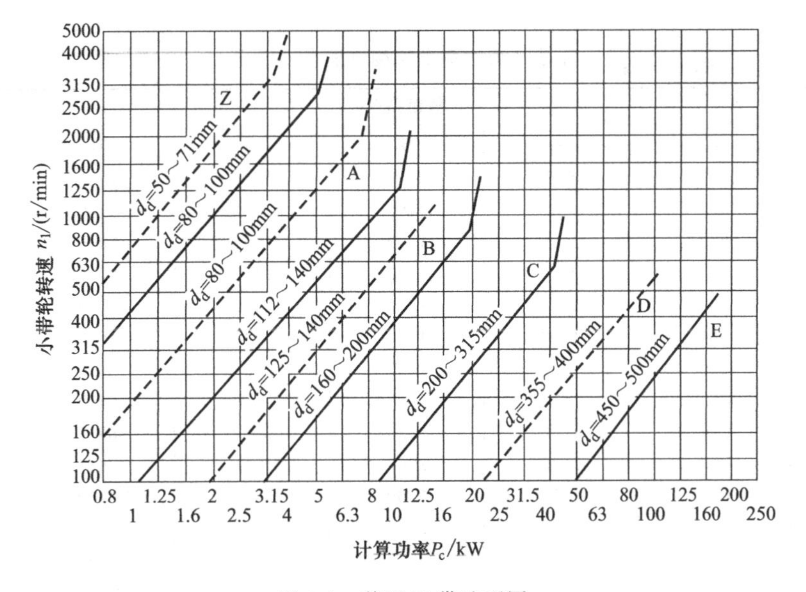

图 3-1　普通 V 带选型图

(4) 初定中心距

因没有给定中心距的尺寸范围，按公式 $0.7(d_{d1}+d_{d2})\leqslant a_0\leqslant 2(d_{d1}+d_{d2})$ 计算中心距得 $367.5\mathrm{mm}\leqslant a_0\leqslant 1050\mathrm{mm}$。

取 $a_0=500\mathrm{mm}$。

(5) 初算带长、确定带的基准长度

$$L_0=2a_0+\frac{\pi}{2}(d_{d1}+d_{d2})+\frac{(d_{d2}-d_{d1})^2}{4a_0}$$

$$=2\times500+\frac{\pi}{2}(125+400)+\frac{(400-125)^2}{4\times500}$$

$$=1862(\text{mm})$$

表 3-2 普通 V 带轮最小基准直径及 V 带轮直径系列 mm

V 带型号		Y	Z	A	B	C	D	E
d_{dmin}		20	50	75	125	200	355	500
推荐直径		≥28	≥71	≥100	≥140	≥200	≥355	≥500
常用 V 带轮基准直径系列	Z	50,56,63,71,75,80,90,100,112,125,140,150,160,180,200,224,250,280,315,355,400,500,560,630						
	A	75,80,90,100,112,125,140,150,160,180,200,224,250,280,315,355,400,450,500,560,630,710,800						
	B	125,140,150,160,180,200,224,250,280,315,355,400,450,500,560,630,710,800,1000,1120						
	C	200,210,224,236,250,280,300,355,400,450,500,560,600,630,710,750,800,900,1000,1120,1250,1400,1600,2000						

查表 3-3 取基准长度 $L_d=1750\text{mm}$。

（6）计算实际中心距

$$a\approx a_0+\frac{L_d-L_0}{2}=500+\frac{1750-1862}{2}=444(\text{mm})$$

表 3-3 普通 V 带的基准长度（摘自 GB/T 11544—2012） mm

截面型号						
Y	Z	A	B	C	D	E
200	406	630	930	1565	2740	4660
224	475	700	1000	1760	3100	5040
250	530	790	1100	1950	3330	5420
280	625	890	1210	2195	3730	6100
315	700	990	1370	2420	4080	6850
355	780	1100	1560	2715	4620	7650
400	920	1250	1760	2880	5400	9150
450	1080	1430	1950	3080	6100	12230
500	1330	1550	2180	3520	6840	13750
	1420	1640	2300	4060	7620	15280
	1540	1750	2500	4600	9140	16800
		1940	2700	5380	10700	
		2050	2870	6100	12200	
		2200	3200	6815	13700	
		2300	3600	7600	15200	
		2480	4060	9100		
		2700	4430	10700		
			4820			
			5370			
			6070			

考虑安装、调整和补偿张紧力的需要，中心距应有一定的调节范围，即

$$a_{min}=a-0.015L_d=444-0.015\times1750=417.8(mm)$$

$$a_{max}=a+0.03L_d=444+0.03\times1750=496.5(mm)$$

（7）验算小带轮包角

$$\alpha_1=180°-\frac{d_{d2}-d_{d1}}{a}\times57.3°=180°-\frac{400-125}{444}\times57.3°=144.5°$$

$\alpha_1>120°$，小带轮包角合适。

（8）确定带的根数

查表3-4：单根V带的基本额定功率 $P_1=1.3816kW$ [插值法计算，$P_1=1.37+\frac{1.66-1.37}{1200-950}\times(960-950)=1.3816(kW)$]，查表3-5、表3-6，由插值法得 $\Delta P_1=0.1116kW$，$K_\alpha=0.91$，查表3-7，得 $K_L=1.00$。

$$z\geqslant\frac{P_c}{[P_1]}=\frac{P_c}{(P_1+\Delta P_1)K_\alpha K_L}=\frac{4.7}{(1.3816+0.1116)\times0.91\times1}=3.5$$

取 $z=4$ 根。

表3-4 单根V带的基本额定功率 P_1 kW

型号	小带轮基准直径 d_{d1}/mm	小带轮转速 n_1(r/min)											
		200	400	800	950	1200	1450	1600	1800	2000	2400	2800	3200
Z	50	0.04	0.06	0.10	0.12	0.14	0.16	0.17	0.19	0.20	0.22	0.26	0.28
	56	0.04	0.06	0.12	0.14	0.17	0.19	0.20	0.23	0.25	0.30	0.33	0.35
	63	0.05	0.08	0.15	0.18	0.22	0.25	0.27	0.30	0.32	0.37	0.41	0.45
	71	0.06	0.09	0.20	0.23	0.27	0.30	0.33	0.36	0.39	0.46	0.50	0.54
	80	0.10	0.14	0.22	0.26	0.30	0.35	0.39	0.42	0.44	0.50	0.56	0.61
	90	0.10	0.14	0.24	0.28	0.33	0.36	0.40	0.44	0.48	0.54	0.60	0.64
A	75	0.15	0.26	0.45	0.51	0.60	0.68	0.73	0.79	0.84	0.92	1.00	1.04
	90	0.22	0.39	0.68	0.77	0.93	1.07	1.15	1.25	1.34	1.50	1.64	1.75
	100	0.26	0.47	0.83	0.95	1.14	1.32	1.42	1.58	1.66	1.87	2.05	2.19
	112	0.31	0.56	1.00	1.15	1.39	1.61	1.74	1.89	2.04	2.30	2.51	2.68
	125	0.37	0.67	1.19	1.37	1.66	1.92	2.07	2.26	2.44	2.74	2.98	3.15
	140	0.43	0.78	1.41	1.62	1.96	2.28	2.45	2.66	2.87	3.22	3.48	3.65
	160	0.51	0.94	1.69	1.95	2.36	2.73	2.53	2.98	3.42	3.80	4.06	4.19
	180	0.59	1.09	1.97	2.27	2.74	3.16	3.40	3.67	3.93	4.32	4.54	4.58
B	125	0.48	0.84	1.44	1.64	1.93	2.19	2.33	2.50	2.64	2.85	2.96	2.94
	140	0.59	1.05	1.82	2.08	2.47	2.82	3.00	3.23	3.42	3.70	3.85	3.83
	160	0.74	1.32	2.32	2.66	3.17	3.62	3.86	4.15	4.40	4.75	4.89	4.80
	180	0.88	1.59	2.81	3.22	3.85	4.39	4.68	5.02	5.30	5.67	5.76	5.52
	200	1.02	1.85	3.30	3.77	4.50	5.13	5.46	5.83	6.13	6.47	6.43	5.95
	224	1.19	2.17	3.86	4.42	5.26	5.97	6.33	6.73	7.02	7.25	6.95	6.05
	250	1.37	2.50	4.46	5.10	6.04	6.82	7.20	7.63	7.87	7.89	7.14	5.60
	280	1.58	2.89	5.13	5.85	6.90	7.76	8.13	8.46	8.60	8.22	6.80	4.26
C	200	1.39	2.41	4.07	4.58	5.29	5.84	6.07	6.28	6.34	6.02	5.01	3.23
	224	1.70	2.99	5.12	5.78	6.71	7.45	7.75	8.00	8.06	7.57	6.08	3.57
	250	2.03	3.62	6.23	7.04	8.21	9.08	9.38	9.63	9.62	8.75	6.56	2.93
	280	2.42	4.32	7.52	8.49	9.81	10.72	11.06	11.22	11.04	9.50	6.13	—
	315	2.84	5.14	8.92	10.05	11.53	12.46	12.72	12.67	12.14	9.43	4.16	—
	355	3.36	6.05	10.46	11.73	13.31	14.12	14.19	13.73	12.59	7.98	—	—
	400	3.91	7.06	12.10	13.48	15.04	15.53	15.24	14.08	11.95	4.34	—	—
	450	4.51	8.20	13.80	15.23	16.59	16.47	15.57	13.29	9.64	—	—	—

表 3-5 单根普通 V 带额定功率增量 ΔP_1 kW

型号	传动比 i	小带轮转速 n_1/(r/min)										
		400	700	800	950	1200	1450	1600	2000	2400	2800	3200
Z	1.35～1.50	0.00	0.01	0.01	0.01	0.02	0.02	0.02	0.03	0.03	0.04	0.04
	1.51～1.99	0.01	0.01	0.02	0.02	0.02	0.02	0.03	0.03	0.04	0.04	0.04
	≥2	0.01	0.02	0.02	0.02	0.03	0.03	0.03	0.04	0.04	0.04	0.05
A	1.35～1.51	0.04	0.07	0.08	0.08	0.11	0.13	0.15	0.19	0.23	0.26	0.30
	1.52～1.99	0.04	0.08	0.09	0.10	0.13	0.15	0.17	0.22	0.26	0.30	0.34
	≥2	0.05	0.09	0.10	0.11	0.15	0.17	0.19	0.24	0.29	0.34	0.39
B	1.35～1.51	0.10	0.17	0.20	0.23	0.30	0.36	0.39	0.49	0.59	0.69	0.79
	1.52～1.99	0.11	0.20	0.23	0.26	0.34	0.40	0.45	0.56	0.68	0.79	0.90
	≥2	0.13	0.22	0.25	0.30	0.38	0.46	0.51	0.63	0.76	0.89	1.01
C	1.35～1.51	0.27	0.48	0.55	0.65	0.82	0.99	1.10	1.37	1.65	1.92	2.14
	1.52～1.99	0.31	0.55	0.63	0.74	0.94	1.14	1.25	1.57	1.88	2.19	2.44
	≥2	0.35	0.62	0.71	0.83	1.00	1.27	1.41	1.70	2.12	2.47	2.75

表 3-6 包角修正系数 K_α

小轮包角 α_1/(°)	180	175	170	165	160	155	150	145
K_α	1	0.99	0.98	0.96	0.95	0.93	0.92	0.91
小轮包角 α_1/(°)	140	135	130	125	120	110	100	90
K_α	0.89	0.88	0.86	0.84	0.82	0.78	0.74	0.69

表 3-7 带长修正系数 K_L

Y L_d	K_L	Y L_d	K_L	A L_d	K_L	B L_d	K_L	C L_d	K_L	D L_d	K_L	E L_d	K_L
200	0.81	405	0.87	630	0.81	930	0.83	1565	0.82	2740	0.82	4660	0.91
224	0.82	475	0.90	700	0.83	1000	0.84	1760	0.85	3100	0.86	5040	0.92
250	0.84	530	0.93	790	0.85	1100	0.86	1950	0.87	3330	0.87	5420	0.94
280	0.87	625	0.96	890	0.87	1210	0.87	2195	0.90	3730	0.90	6100	0.96
315	0.89	700	0.99	990	0.89	1370	0.90	2420	0.92	4080	0.91	6850	0.99
355	0.92	780	1.00	1100	0.91	1560	0.92	2715	0.94	4620	0.94	7650	1.01
400	0.96	920	1.04	1250	0.93	1760	0.94	2880	0.95	5400	0.97	9150	1.05
450	1.00	1080	1.07	1430	0.96	1950	0.97	3080	0.97	6100	0.99	12230	1.11
500	1.02	1330	1.13	1550	0.98	2180	0.99	3520	0.99	6840	1.02	13750	1.15
		1420	1.14	1640	0.99	2300	1.01	4060	1.02	7620	1.05	15280	1.17
		1540	1.54	1750	1.00	2500	1.03	4600	1.05	9140	1.08	16800	1.19
				1940	1.02	2700	1.04	5380	1.08	10700	1.13		
				2050	1.04	2870	1.05	6100	1.11	12200	1.16		
				2200	1.06	3200	1.07	6815	1.14	13700	1.19		
				2300	1.07	3600	1.09	7600	1.17	15200	1.21		
				2480	1.09	4060	1.13	9100	1.21				
				2700	1.10	4430	1.15	10700	1.24				
						4820	1.17						
						5370	1.20						
						6070	1.24						

（9）计算初拉力

由表 3-8 查得 A 型带的单位长度质量 $q=0.105$kg/m，所以

$$F_0=500\frac{P_c}{zv}\left(\frac{2.5}{K_\alpha}-1\right)+qv^2=500\times\frac{4.7}{4\times6.28}\left(\frac{2.5}{0.91}-1\right)+0.105\times6.28^2=167.6(\mathrm{N})$$

表 3-8　普通 V 带的截面尺寸（摘自 GB/T 11544—2012）

类型	节宽 b_p/mm	顶宽 b/mm	高度 h/mm	单位长度质量 q/(kg/m)	楔角 α
Y	5.3	6.0	4.0	0.023	40°
Z	8.5	10.0	6.0	0.06	
A	11.0	13.0	8.0	0.105	
B	14.0	17.0	11.0	0.170	
C	19.0	22.0	14.0	0.300	
D	27.0	32.0	19.0	0.630	
E	32.0	38.0	23.0	0.970	

（10）计算对轴的压力

$$F_Q=2zF_0\sin\frac{\alpha_1}{2}=2\times4\times167.6\sin\frac{144.5^\circ}{2}=1277(\mathrm{N})$$

（11）V 带轮的结构设计（略）

带轮宽度为 $B=2f+(z-1)e=2\times9+(4-1)\times15=63$（mm），参见表 3-9。

轮毂宽度为 $L=(1.5\sim2)d$，当 $B<1.5d$ 时，$L=B$，d 为减速器高速轴的直径。

表 3-9　普通 V 带轮轮槽截面尺寸（摘自 GB/T 13575.1—2008）　　mm

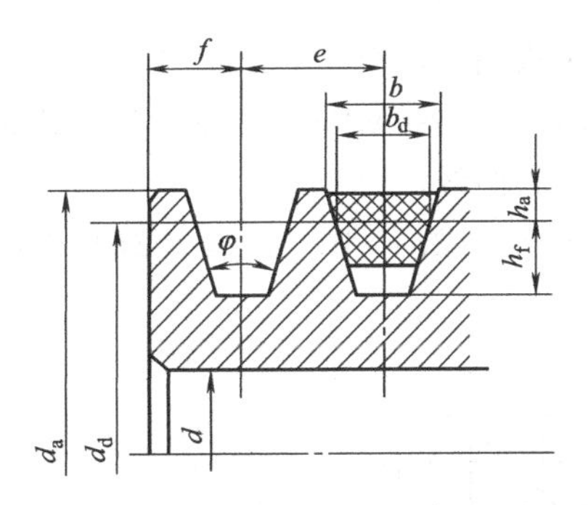

槽型	b_d	h_{amin}	h_{fmin}	e	f_{min}	d_d			
						与 d_d 相对应的 φ			
						$\varphi=32°$	$\varphi=34°$	$\varphi=36°$	$\varphi=38°$
Y	5.3	1.60	4.7	8±0.3	6	≤60		>60	
Z	8.5	2.00	7.0	12±0.3	7		≤80		>80
A	11.0	2.75	8.7	15±0.3	9		≤118		>118
B	14.0	3.50	10.8	19±0.4	11.5		≤190		>190
C	19.0	4.80	14.3	25.5±0.5	16		≤315		>315
D	27.0	8.10	19.9	37±0.6	23			≤475	>475
E	32.0	9.60	23.4	44.5±0.7	28			≤600	>600

3.2 齿轮传动设计

齿轮传动的设计计算及结构设计方法均可依据相关教材的有关内容所述，但设计时还应注意以下事项：

(1) 齿轮直径较大时，多采用铸造毛坯，应选用铸钢或铸铁材料。小齿轮齿根圆直径与轴径接近时，齿轮与轴制成一体（齿轮轴），因此，所选材料应兼顾轴的要求。同一减速器中各级小齿轮（或大齿轮）的材料应尽可能选相同牌号，以减少材料品种和简化制作工艺。

(2) 锻钢齿轮分软齿面和硬齿面，应按工作条件和尺寸要求来选择齿面硬度。对于软齿面齿轮，小齿轮的硬度应比大齿轮的硬度高 30～50HBW；对于硬齿面齿轮传动，两齿轮硬度可近似相等。

(3) 计算齿轮的啮合尺寸（节圆、螺旋角）时，必须求出精确值，其尺寸应精确到小数点后 2～3 位，角度应精确到秒，而中心距、齿宽和结构尺寸应尽量圆整为整数。斜齿轮传动的中心距应通过改变螺旋角 β 的方法圆整为 0、5 结尾的整数。

(4) 传递动力的齿轮，其模数应大于 1.5～2mm。

例 3-2 传动方案同例 2-1，试设计一级减速器中的直齿圆柱齿轮传动。

解 由例 2-1 可知：$n_{\mathrm{I}}=305.73\mathrm{r/min}$，$P_{\mathrm{I}}=3.76\mathrm{kW}$，$T_{\mathrm{I}}=117.45\mathrm{N\cdot m}$，$i_{齿轮}=4$，齿轮相对于轴承为对称布置。

(1) 选择齿轮材料，确定许用应力

小齿轮选用 45 钢调质处理，硬度为 240HBW；大齿轮也用 45 钢，正火处理，硬度为 200HBW。

由图 3-2，查碳钢调质或正火图线，得

$$\sigma_{\mathrm{Hlim1}}=590\mathrm{MPa},\ \sigma_{\mathrm{Hlim2}}=550\mathrm{MPa}$$

由图 3-3，查碳钢调质或正火图线，得

$$\sigma_{\mathrm{Flim1}}=225\mathrm{MPa},\ \sigma_{\mathrm{Flim2}}=210\mathrm{MPa}$$

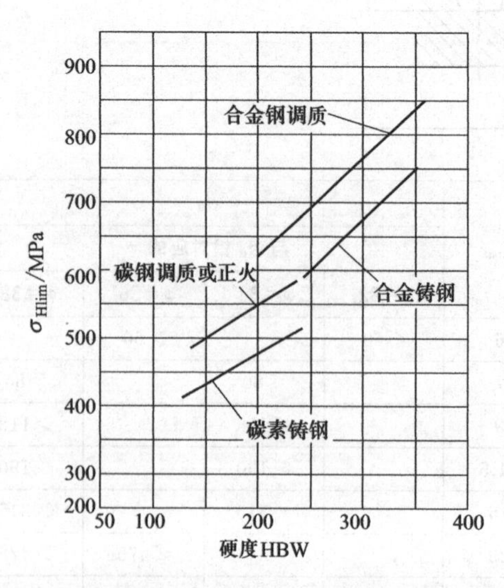

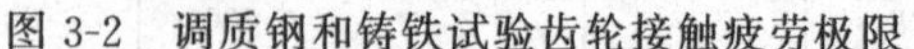

图 3-2 调质钢和铸铁试验齿轮接触疲劳极限

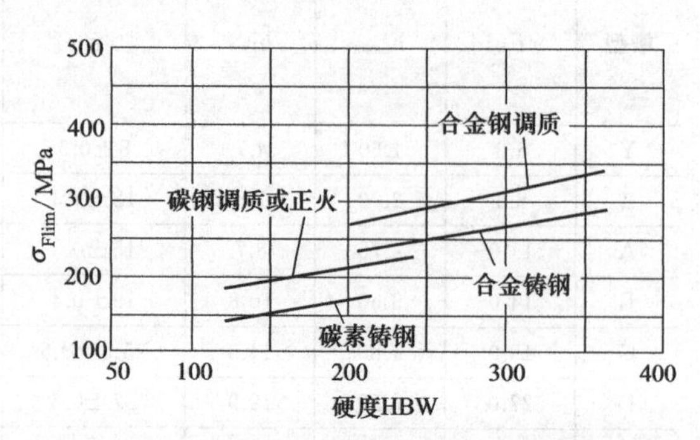

图 3-3 调质钢和铸钢试验齿轮弯曲疲劳极限

由公式 $N=60nrt_h$ 计算应力循环次数 N

$$N_1=60n_{\mathrm{I}}rt_h=60\times305.73\times1\times(16\times300\times10)=8.79\times10^8$$

$$N_2=\frac{N_1}{i_{齿轮}}=\frac{8.79\times10^8}{4}=2.2\times10^8$$

由图 3-4 查得接触疲劳寿命系数 $Z_{NT1}=1.01$，$Z_{NT2}=1.12$

由图 3-5 查得弯曲疲劳寿命系数 $Y_{NT1}=0.88$，$Y_{NT2}=0.9$

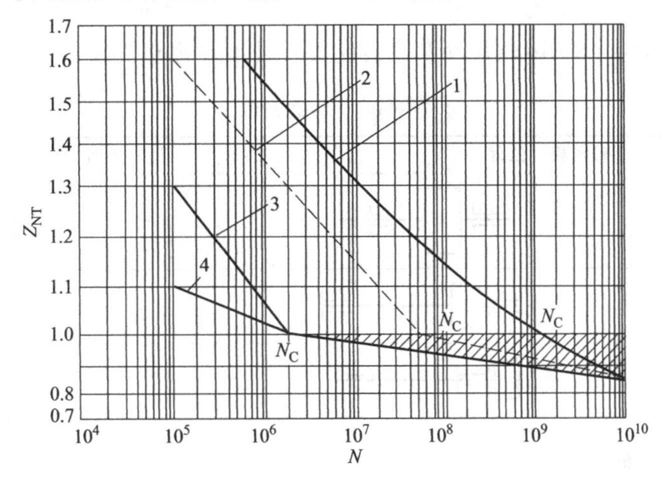

图 3-4　接触疲劳寿命系数

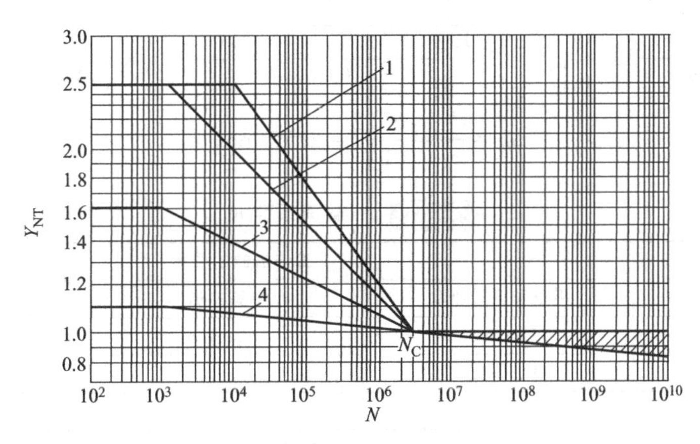

图 3-5　弯曲疲劳寿命系数 Y_{NT}

由表 3-10，取 $S_H=1$、$S_F=1.3$

计算许用接触应力

$$[\sigma_H]_1=\frac{\sigma_{Hlim1}Z_{NT1}}{S_H}=\frac{590\times1.01}{1}=595.9(\mathrm{MPa})$$

$$[\sigma_H]_2=\frac{\sigma_{Hlim2}Z_{NT2}}{S_H}=\frac{550\times1.12}{1}=616(\mathrm{MPa})$$

计算许用弯曲应力

$$[\sigma_F]_1=\frac{\sigma_{Flim1}Y_{NT1}}{S_F}=\frac{225\times0.88}{1.3}=198(\mathrm{MPa})$$

$$[\sigma_F]_2=\frac{\sigma_{Flim2}Y_{NT2}}{S_F}=\frac{210\times0.9}{1.3}=189(\mathrm{MPa})$$

表 3-10 安全系数 S_H、S_F

安全系数	软齿面	硬齿面	重要的齿轮传动、渗碳淬火或铸造齿轮
S_H	1.0～1.1	1.1～1.2	1.3
S_F	1.3～1.4	1.4～1.6	1.6～2.2

(2) 确定小齿轮齿数 z_1 和齿宽系数 ψ_d

取小齿轮齿数 $z_1=24$，则大齿轮齿数 $z_2=iz_1=4\times24=96$

由表 3-11 取 $\psi_d=0.8$（因软齿面及直齿轮关于轴承对称布置）。

表 3-11 齿宽系数 ψ_d

轴承相对位置		软齿面	硬齿面
对称布置		0.8～1.4	0.4～0.9
非对称布置		0.6～1.2	0.3～0.8
悬臂布置		0.3～0.6	0.2～0.4

(3) 按齿面接触疲劳强度设计

按表 3-12，电动机驱动，载荷平稳，直齿轮，取 $K=1.2$；$u=i_{齿轮}=4$

$$d_1\geqslant\sqrt[3]{\frac{KT_1(u+1)}{\psi_d u}\left(\frac{668}{[\sigma_H]}\right)^2}=\sqrt[3]{\frac{1.2\times117.45\times10^3\times(4+1)}{0.8\times4}\times\left(\frac{668}{595.9}\right)^2}=65.2(\text{mm})$$

模数 $$m=\frac{d_1}{z_1}=\frac{65.2}{24}=2.72(\text{mm})$$

表 3-12 载荷系数 K

原动机	工作机械的载荷特性		
	平稳和比较平稳	中等冲击	严重冲击
电动机、汽轮机	1～1.2	1.2～1.6	1.6～1.8
多缸内燃机	1.2～1.6	1.6～1.8	1.9～2.1
单缸内燃机	1.6～1.8	1.8～2.0	2.2～2.4

注：斜齿轮、圆周速度低、齿宽系数较小、轴承对称布置、齿轮精度较高，K 取较小值；直齿轮、圆周速度高、精度低、齿宽系数大、齿轮在两轴承间不对称布置，K 取较大值。

由表 3-13 取标准模数 $m=3\text{mm}$

(4) 计算齿轮的几何尺寸

分度圆直径 $$d_1=mz_1=3\times24=72(\text{mm})$$

$$d_2=mz_2=3\times96=288(\text{mm})$$

中心距 $$a=\frac{1}{2}(d_1+d_2)=\frac{1}{2}(72+288)=180(\text{mm})$$

齿宽 $$b=\psi_d d_1=0.8\times72=57.6(\text{mm})$$

取 $b=b_2=58\text{mm}$，$b_1=64\text{mm}$。

(5) 校核弯曲疲劳强度

由表 3-14 得 $Y_{F1}=2.65$，$Y_{F2}=2.19$，$Y_{S1}=1.58$，$Y_{S2}=1.79$，由校核公式计算得

$$\sigma_{F1}=\frac{2KT_1}{bm^2z_1}Y_{F1}Y_{S1}=\frac{2\times1.2\times117.45\times10^3}{58\times3^2\times24}\times2.65\times1.58=94.2(\text{MPa})<[\sigma_{F1}]$$

$$\sigma_{F2}=\frac{2KT_1}{bm^2z_1}Y_{F2}Y_{S2}=\sigma_{F1}\frac{Y_{F2}Y_{S2}}{Y_{F1}Y_{S1}}=94.2\times\frac{2.19\times1.79}{2.65\times1.58}=88.2(\text{MPa})<[\sigma_{F2}]$$

所以，齿根弯曲疲劳强度满足要求。

表 3-13　标准模数系列

第一系列	1	1.25	1.5	2	2.5	3	4	5	6	8	10	12	16	20	25	32	40	50	
第二系列	1.125	1.375	1.75	2.25	2.75	3.5	4.5	5.5	(6.5)	7	9	11	14	18	22	28	36	45	

注：1. 本表适用于渐开线圆柱齿轮，对斜齿轮指法向模数；

2. 优先采用第一系列，括号内的模数尽可能不用。

表 3-14　标准外齿轮的齿形系数 Y_F 及应力修正系数 Y_S

z	17	18	19	20	21	22	23	24	25	28
Y_F	2.97	2.91	2.85	2.80	2.76	2.72	2.69	2.65	2.62	2.55
Y_S	1.52	1.53	1.54	1.55	1.56	1.57	1.575	1.58	1.59	1.61
z	30	35	40	45	50	60	70	80	100	150
Y_F	2.52	2.45	2.40	2.35	2.32	2.28	2.24	2.22	2.18	2.14
Y_S	1.625	1.65	1.67	1.68	1.70	1.73	1.75	1.77	1.79	1.83

（6）确定齿轮精度

齿轮的圆周速度

$$v=\frac{\pi d_1n_1}{60\times1000}=\frac{3.14\times72\times305.73}{60\times1000}=1.15(\text{m/s})$$

由表 3-15 可知，普通减速器选 8 级精度。

表 3-15　齿轮常用精度等级及应用

精度等级	圆周速度 v/(m/s)			应用举例
	直齿圆柱齿轮	斜齿圆柱齿轮	直齿圆锥齿轮	
6	≤15	≤30	≤9	精密机器、仪表、飞机、汽车、机床中的重要齿轮
7	≤10	≤20	≤6	一般机械中的重要齿轮；标准系列减速器；飞机、汽车、机床中的齿轮
8	≤5	≤9	≤3	一般机械中的齿轮；飞机、汽车、机床中不重要的齿轮；农业机械中的重要齿轮；普通减速器中的齿轮
9	≤3	≤6	≤2.5	工作要求不高的齿轮

（7）齿轮结构设计

小齿轮：　$d_{a1}=d_1+2m=72+2\times3=78(\text{mm})$

$$d_{f1}=d_1-2.5m=72-2.5\times3=64.5(\text{mm})$$

大齿轮：　$d_{a2}=d_2+2m=288+2\times3=294(\text{mm})$

$$d_{f2}=d_2-2.5m=288-2.5\times3=280.5(\text{mm})$$

小齿轮结构待设计轴时，齿轮的齿根至键槽底部的距离 $x\leqslant2.5m$ 时，采用齿轮轴，$x>2.5m$ 时，采用实心齿轮；因 $200\text{mm}<d_{a2}<500\text{mm}$，故大齿轮采用腹板式齿轮。具体结构尺寸在设计减速器俯视图过程中完善。

例 3-3 传动方案同例 2-1，试设计一级减速器中的斜齿圆柱齿轮传动。

解 (1) 设计方法与直齿轮相似，选择齿轮材料、确定许用应力，与例 3-2 中步骤 (1) 相同，这里不再赘述。

(2) 确定小齿轮齿数 z_1 和齿宽系数 ψ_d

取小齿轮齿数 $z_1=20$，则大齿轮齿数 $z_2=iz_1=4\times20=80$

由表 3-11 取 $\psi_d=1.4$（直齿轮取小值，斜齿轮取大值）

初选螺旋角 $\beta=14^\circ$

当量齿数为
$$z_{v1}=\frac{z_1}{\cos^3\beta}=\frac{20}{\cos^3 14^\circ}=21.89$$

$$z_{v2}=\frac{z_2}{\cos^3\beta}=\frac{80}{\cos^3 14^\circ}=87.57$$

由表 3-14 得 $Y_{F1}=2.756$，$Y_{F2}=2.2$；$Y_{S1}=1.569$，$Y_{S2}=1.78$。

(3) 按齿面接触疲劳强度设计

按表 3-12，电动机驱动、载荷平稳、斜齿轮，取 $K=1$；弹性系数 Z_E 由表 3-16 查得，$Z_E=189.8$，$u=i_{齿轮}=4$

$$d_1\geqslant\sqrt[3]{\frac{KT_1(u+1)}{\psi_d u}\left(\frac{3.17Z_E}{[\sigma_H]}\right)^2}=\sqrt[3]{\frac{1\times117.45\times10^3(4+1)}{1.4\times4}\left(\frac{3.17\times189.8}{595.9}\right)^2}=47.5(\text{mm})$$

模数
$$m_n=\frac{d_1}{z_1}\cos\beta=\frac{47.5}{20}\cos14^\circ=2.3(\text{mm})$$

由表 3-13 取标准模数 $m_n=2.5\text{mm}$

(4) 计算齿轮的几何尺寸

传动中心距为
$$a=\frac{m_n(z_1+z_2)}{2\cos\beta}=\frac{2.5(20+80)}{2\cos14^\circ}=128.8(\text{mm})$$

圆整中心距，取 $a=130\text{mm}$，则螺旋角 β 为

$$\beta=\arccos\frac{m_n(z_1+z_2)}{2a}=\arccos\frac{2.5(20+80)}{2\times130}=15.94^\circ$$

分度圆直径
$$d_1=\frac{m_n z_1}{\cos\beta}=\frac{2.5\times20}{\cos15.94^\circ}=52(\text{mm})$$

$$d_2=\frac{m_n z_2}{\cos\beta}=\frac{2.5\times80}{\cos15.94^\circ}=208(\text{mm})$$

齿宽
$$b=\psi_d d_1=1.4\times52=72.8(\text{mm})$$

取 $b=b_2=73\text{mm}$，$b_1=80\text{mm}$。

(5) 校核弯曲疲劳强度

$$\sigma_{F1}=\frac{1.6KT_1\cos\beta}{bm_n^2z_1}Y_{F1}Y_{S1}=\frac{1.6\times1\times117.45\times10^3\cos15.94^\circ}{73\times2.5^2\times20}\times2.756\times1.569$$
$$=85.6(\text{MPa})<[\sigma_{F1}]$$

$$\sigma_{F2}=\frac{1.6KT_1\cos\beta}{bm_n^2z_1}Y_{F2}Y_{S2}=\sigma_{F1}\frac{Y_{F2}Y_{S2}}{Y_{F1}Y_{S1}}=85.6\times\frac{2.2\times1.78}{2.756\times1.569}$$
$$=77.5(\text{MPa})<[\sigma_{F2}]$$

所以，齿根弯曲疲劳强度满足要求。

(6) 确定齿轮精度

齿轮的圆周速度

$$v=\frac{\pi d_1 n_1}{60\times 1000}=\frac{3.14\times 47.5\times 305.73}{60\times 1000}=0.76(\mathrm{m/s})$$

由表 3-15 可知，普通减速器选 8 级精度。

(7) 齿轮结构设计

小齿轮：

$$d_{a1}=d_1+2m_n=52+2\times 2.5=57(\mathrm{mm})$$

$$d_{f1}=d_1-2.5m_n=52-2.5\times 2.5=45.75(\mathrm{mm})$$

大齿轮：

$$d_{a2}=d_2+2m_n=208+2\times 2.5=213(\mathrm{mm})$$

$$d_{f2}=d_2-2.5m_n=208-2.5\times 2.5=201.75(\mathrm{mm})$$

小齿轮采用齿轮轴，因 200mm$<d_{a2}<$500mm，故大齿轮采用腹板式齿轮。

表 3-16　弹性系数 Z_E

小齿轮材料	大齿轮材料			
	锻钢	铸钢	球墨铸铁	灰铸铁
锻钢	189.8	188.9	181.4	162.0
铸钢		188.0	180.5	161.4
球墨铸铁			173.9	156.6
灰铸铁				143.7

3.3　初算轴的直径

联轴器和滚动轴承的型号是根据轴端直径确定的，而且轴的结构设计是在初步计算轴径的基础上进行的，故首先应初算轴径。轴的直径按式 $d\geqslant C\sqrt[3]{\frac{P}{n}}$ 进行初算。C 值应考虑轴上弯矩对轴强度的影响，当只受转矩或弯矩相对转矩较小时，C 取小值；当弯矩相对转矩较大时，C 取大值。在多级齿轮减速器中，高速轴的转矩较小，C 取较大值；低速轴的转矩较大，C 应取较小值；中间轴取中间值。

初算轴径还要考虑键槽对轴强度的影响。当该轴段截面上有一个键槽时，轴径增大 5%～7%，双键增大 10%～15%，然后圆整为标准直径或与相配合零件的孔径相吻合。

上述计算出的轴径，一般作为输入、输出轴外伸端最小直径；对中间轴，可作为轴承处的直径。课程设计题目中高速轴与皮带轮连接，轴的最小直径即为皮带轮的轴径；低速轴与联轴器连接，轴的直径应在所选联轴器毂孔范围内。通过轴径选择键的尺寸。

3.4　选择联轴器

选择联轴器包括选择联轴器的类型和型号。

联轴器的类型应根据传动装置的要求来选择。在选择电动机轴与减速器高速轴之间连接用的联轴器时，由于轴的转速较高，为减小启动载荷，缓和冲击，应选用具有较小转动惯量和具有弹性的联轴器，如弹性套柱销联轴器等。在选用减速器输出轴与工作机之间连接用的联轴器时，由于轴的转速较低，传递转矩较大，又因减速器与工作机常不在同一机座上，要求有较大的轴线偏移补偿，因此常选用承载能力较高的刚性可移式联轴器，如十字滑块联轴器。若工作机有振动冲击，为了减小振动，缓和冲击，以免影响减速器内传动件的正常工作，则可选用弹性联轴器。

联轴器的型号按计算转矩、轴的转速和轴径来选择，要求所选联轴器的许用转矩大于计算转矩，还应注意联轴器毂孔直径范围是否与所连接两轴的直径大小相适应。

联轴器与轴一般采用键连接，轴孔和键槽的形式及代号见表 3-17。

表 3-17 轴孔和键槽的形式及代号

	长圆柱形轴孔(Y 型)	有沉孔的短圆柱形轴孔(J 型)	无沉孔的短圆柱形轴孔(J_1 型)	有沉孔的圆锥形轴孔(Z 型)	无沉孔的圆锥形轴孔(Z_1 型)
轴孔	d, L	d, d_1, R, L, L_1	d, L	d_2, 1:10, d, L, L_1	d_2, 1:10, L
键槽	A型 b, t	B型 b, 120°, t	B₁型 b, t	C型 b, t_2	

联轴器类型很多，本书只将弹性套柱销联轴器列于表 3-18，供课程设计练习选用。

表 3-18 弹性套柱销联轴器（摘自 GB/T 4323—2002）

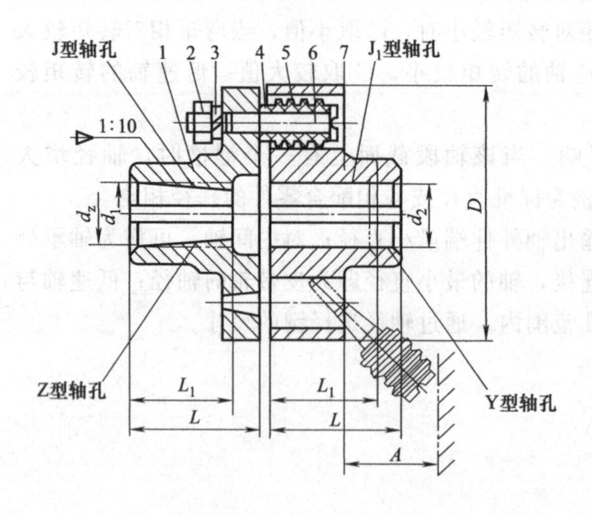

1,7—半联轴器；2—螺母；3—弹簧垫圈；
4—挡圈；5—弹性套；6—柱销

标记示例：

例 1：TL6 联轴器 40×112GB/T 4323—2002

主动端与从动端相同

$d_1=d_2=40$mm，Y 型轴孔 L=112mm，A 型键槽

例 2：TL3 联轴器 $\dfrac{ZC16\times30}{JB18\times30}$GB/T 4323—2002

主动端与从动端不同

主动端 $d_z=16$mm，Z 型轴孔 $L_1=30$mm，C 型键槽

从动端 $d_2=18$mm，J 型轴孔 $L_1=30$mm，B 型键槽

续表

型号	许用转矩/(N·m)	许用转速/(r/min)	轴孔直径 d_1、d_2、d_z/mm	轴孔长度/mm			D	A
				Y型	J、J_1、Z型			
				L	L1	L		
TL3	31.5	6300	16,18,19	42	30	42	95	35
			20,22	52	38	52		
TL4	63	5700	20,22,24				106	
			25,28	62	44	62		
TL5	125	4600	25,28				130	45
			30,32,35	82	60	82		
TL6	250	3800	32,35,38				160	
			40,42	112	84	112		
TL7	500	3600	40,42,45,48				190	
TL8	710	3000	45,48,50,55,56				224	65
			60,63	142	107	142		
TL9	1000	2850	50,55,56	112	84	112	250	
			60,63,65,70,71	142	107	142		
TL10	2000	2300	63,65,70,71,75				315	80
			80,85,90,95	172	132	172		

3.5 初选滚动轴承

滚动轴承的类型应根据所受载荷的大小、性质、方向，轴的转速及其工作要求进行选择。若只承受径向载荷而轴向载荷较小，轴的转速较高，则选择深沟球轴承；若轴承承受径向力和较大的轴向力，则应选择角接触球轴承或圆锥滚子轴承。

根据初算轴径，考虑轴上零件的轴向定位和固定，估计出装轴承处的轴径，再选择轴承的直径系列（轻系列或中系列），这样可初步定出滚动轴承型号。至于选择是否合适，则有待于在减速器装配草图设计中进行寿命验算后再确定。

例3-4　传动方案同例2-1，试初步计算减速器的高速轴和低速轴的最小直径，并初选两轴轴承。

解　(1) 初算高速轴直径。

已经确定的运动参数和动力参数

$$n_{\text{I}}=305.73\text{r/min},\ P_{\text{I}}=3.76\text{kW},\ T_{\text{I}}=117.45\text{N}\cdot\text{m}$$

① 选择轴的材料并确定许用应力。选用45钢调质处理，由表3-19查得许用弯曲应力$[\sigma_{-1}]_b=60\text{MPa}$。

② 估算轴的最小直径。由表3-20查取$C=126\sim103$，则

$$d=C\sqrt[3]{\frac{P}{n}}=(126\sim103)\times\sqrt[3]{\frac{3.76}{305.73}}=29.08\sim23.69(\text{mm})$$

考虑有键槽，将直径增大5%，则

$$d=(29.08\sim23.69)\times1.05=30.53\sim24.87(\text{mm})$$

此段轴的直径和长度应与带轮相符，最小轴径取$d_1=30\text{mm}$，大带轮轮毂宽度$L=(1.5\sim2)d=(1.5\sim2)\times30=45\sim60$（mm），取轮毂宽度$L=50\text{mm}$（例3-1中，$B=63\text{mm}$），该段轴的长度取48mm。

表 3-19　轴的常用材料及其力学性能

材料牌号	热处理	毛坯直径 /mm	硬度 HBW	抗拉强度 σ_b/MPa	屈服点 σ_s/MPa	弯曲疲劳极限 σ_{-1}/MPa	许用弯曲应力 $[\sigma_{-1}]_b$ /MPa	应用说明
Q235	热轧或锻后空冷	≤100		400～420	225	170	40	用于不重要或载荷不大的轴
		>100～250		375～390	215			
35	正火	≤100	149～187	520	270	210	45	用于一般轴
		>100～300	143～187	500	260	205		
45	正火	≤100	170～217	600	300	240	55	用于较重要的轴，应用最广
		>100～300	162～217	580	290	235		
	调质	≤200	217～255	650	360	270	60	
40Cr	调质	≤100	241～286	750	550	350	70	用于载荷较大有强烈磨损而无很大冲击的轴
		>100～300		700	500	320		
40MnB	调质	≤200	241～286	750	500	335	70	性能接近 40Cr，用于重要的轴
35CrMo	调质	≤100	207～269	750	550	350	70	用于重载荷的轴
		>100～300		700	500	320		

表 3-20　轴常用材料的 [τ] 和 C 值

轴的材料	Q235,20	35	45	40Cr,35SiMn
[τ]/MPa	15～25	20～35	25～45	35～55
C	149～126	135～112	126～103	112～97

(2) 选择大带轮键连接和高速轴滚动轴承

① 选择键。

由于齿轮 1 的尺寸较小，故高速轴设计成齿轮轴。显然，轴承只能从轴的两端分别装入和拆卸，轴伸出端安装大带轮，选用普通平键，A 型，查表 3-21，$b\times h=8\text{mm}\times 7\text{mm}$，槽深 $t=4\text{mm}$，长 $L=40\text{mm}$；轴肩定位，由表 3-22 得倒角 $C_1=3\text{mm}$，取轴肩高度 $h=R(C_1)+(0.5\sim2)=3+1=4$ (mm)，所以取该段直径为 $30+2h=38$ (mm)，查毡圈密封标准轴径为 $d_2=40\text{mm}$。

② 预选滚动轴承。

若齿轮选用斜齿轮，会产生轴向力，可按附录选用角接触球轴承 7209C；若齿轮选用直齿轮，则选用深沟球轴承 6209，$d_3=45\text{mm}$，轴承宽度 $B=19\text{mm}$。

(3) 初算低速轴直径

已经确定的运动参数和动力参数

$$n_{\text{II}}=76.43\text{r/min},\ P_{\text{II}}=3.61\text{kW},\ T_{\text{II}}=451.07\text{N}\cdot\text{m}$$

① 选择轴的材料并确定许用应力。

选用 45 钢正火处理，由表 3-19 查得许用弯曲应力 $[\sigma_{-1}]_b=55\text{MPa}$。

② 估算轴的最小直径、选择联轴器。

由表 3-20 查取 $C=126\sim103$，则

$$d=C\sqrt[3]{\frac{P}{n}}=(126\sim103)\times\sqrt[3]{\frac{3.61}{76.34}}=45.56\sim37.24\ (\text{mm})$$

考虑有键槽，将直径增大 5%，则

$$d=(45.56\sim37.24)\times1.05=47.84\sim39.11\ (\text{mm})$$

此段轴的直径和长度应与联轴器相符，查标准得工况系数 $K_A=1.5$，联轴器的计算转矩为

$$T_C=K_A T_{\text{II}}=1.5\times451.07=676.6\ (\text{N}\cdot\text{m})$$

由表 3-18，$T_C\leqslant[T]$，$n\leqslant[n]$，故选用 TL8 弹性套柱销联轴器，许用转矩 $[T]=710\text{N}\cdot\text{m}$，许用转速 $[n]=3000\text{r/min}$，J 型轴孔，孔直径 $d_1=45\text{mm}$，轴孔长度 $L_1=84\text{mm}$。

(4) 选择联轴器键连接和低速轴滚动轴承

① 选择键。

联轴器与轴的连接选用普通平键，A 型，查表 3-21，$b\times h=14\text{mm}\times9\text{mm}$，槽深 $t=5.5\text{mm}$，长 $L=70\text{mm}$。联轴器采用轴肩定位，由表 3-22 得倒角 $C_1=3\text{mm}$，取轴肩高度 $h=R(C_1)+(0.5\sim2)=3+1=4\ (\text{mm})$，所以取该段直径为 $45+2h=53\ (\text{mm})$，查毡圈密封标准轴径为 $d_2=55\text{mm}$。

表 3-21　普通平键和键槽的尺寸（摘自 GB/T 1095—2003）　mm

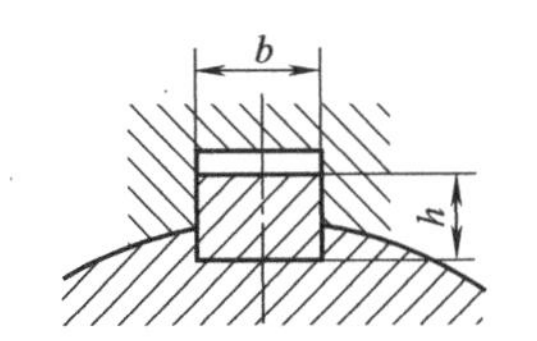

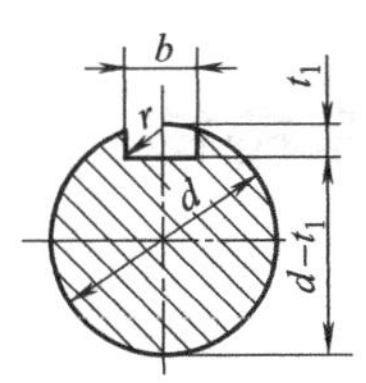

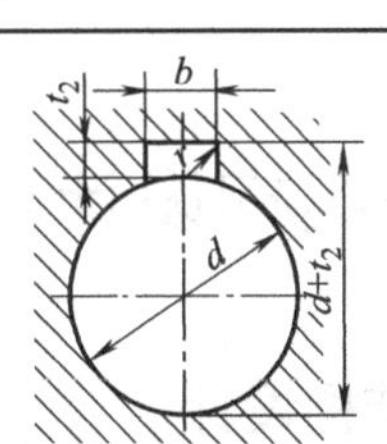

轴的直径	键的尺寸		键槽		
d	b	h	t_1	t_2	半径 r
自 6～8	2	2	1.2	1	
>8～10	3	3	1.8	1.4	0.08～0.16
>10～12	4	4	2.5	1.8	
>12～17	5	5	3.0	2.3	
>17～22	6	6	3.5	2.8	0.16～0.25
>22～30	8	7	4.0	3.3	
>30～38	10	8	5.0	3.3	
>38～44	12	8	5.0	3.3	
>44～50	14	9	5.5	3.8	0.25～0.4
>50～58	16	10	6.0	4.3	
>58～65	18	11	7.0	4.4	
>65～75	20	12	7.5	4.9	0.4～0.6
>75～85	22	14	9.0	5.4	

注：1. 在工作图中，轴槽深用 $d-t_1$ 或 t_1 标注，毂槽深用 $d+t_2$ 标注。

2. L 系列为：6，8，10，12，14，16，18，20，22，25，28，32，36，40，45，50，56，63，70，80，90，100，110，125，140，160，180，200，220，250，…（mm）。

表 3-22　轴上的倒角和圆角

直径 d	>10～18	>18～30	>30～50	>50～80	>80～120
r 最大	0.8	1.0	1.6	2.0	2.5
R 及 C_1	1.6	2	3	4	5

续表

图示	直径 d	＞10～18	＞18～30	＞30～50	＞50～80	＞80～120
$C\times45°$　$C\times45°$	C 最大	0.8	1.0	1.6	2.0	2.5
	$D-d$	3	4	8	12	20
	r	0.4	0.6	1	1.5	2

② 预选滚动轴承。

根据齿轮是否产生轴向力选用角接触球轴承 7212C 或深沟球轴承 6212，$d_3=60\text{mm}$，轴承宽度 $B=22\text{mm}$。

3.6 轴的结构设计与强度校核

3.6.1 轴的结构设计

轴的结构设计是课程设计的关键环节，设计轴结构的过程中涉及箱体的一些尺寸，所以初步设计轴的结构时应参考相关教材确定各轴段的直径，各轴段的长度设计要在箱体设计时根据结构确定。

单级圆柱齿轮减速器主要确定低速轴。高速轴一般为齿轮轴结构，确定出轴颈直径即可，其余尺寸在箱体设计时再进一步确定。

如图 3-6 所示的低速轴，其结构设计应注意以下几点：

(1) 轴上的零件布置　轴上安装有齿轮、联轴器和两个轴承。

因单级传动，一般将齿轮安装在箱体中间，轴承安装在箱体的轴承孔内，相对于齿轮左右对称为好。联轴器根据其作用只能布置在箱体外面的一端。

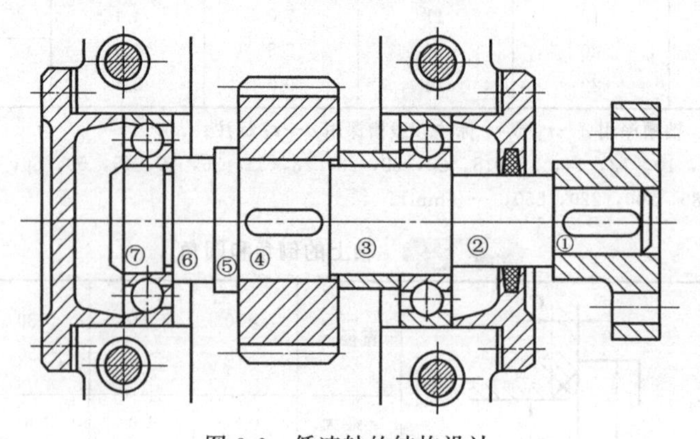

图 3-6　低速轴的结构设计

（2）零件的装拆顺序　轴上零件不同的装拆顺序要求轴具有不同的结构形式，轴的各段直径按安装顺序依次变化，后段直径应大于前段直径。其主要零件齿轮从右装拆，装拆顺序为齿轮、套筒、轴承、轴承盖、联轴器，这样安装的好处是保证安装齿轮和联轴器的两轴段在同一加工方向加工，便于保证加工的同轴度；左端的轴承从左端装入。两端安装轴承处的直径相等，形成两头细中间粗的阶梯形轴，既符合等强度的要求，又便于零件装拆。

（3）轴上零件的固定　设计轴的结构时要考虑零件在轴上位置的固定，轴上零件的固定包括周向固定和轴向固定，联轴器和齿轮的周向固定均采用键连接。轴向固定是为了防止零件沿轴线方向窜动，为了达到这个目的，就需要在轴上设计（置）某些装置，如轴肩、套筒、挡圈等。各轴段设计的具体方法如下：

①轴段安装联轴器，周向固定用键。

②轴段高于①轴段形成轴肩，用来定位联轴器。

③轴段高于②轴段，是为了安装轴承方便。

④轴段高于③轴段，是为了安装齿轮方便；③轴段也可再分为两部分，这是考虑便于加工，因前一部分安装轴承，需要磨削加工，而后一部分只安装一个套筒，不需要很高的加工精度，将来在零件图上可在分开的地方画一细线，表示精度不同，也可在安装轴承宽度处开一越程槽。齿轮在④轴段上周向固定用键。

⑤轴段高于④轴段形成轴环，用来定位齿轮。

⑦轴段直径应和③轴段直径相同。

⑥轴段高于⑦轴段形成轴肩，用来定位轴承；⑥轴段高于⑦轴段的部分取决于轴承标准。

⑤轴段与⑥轴段的高低没有什么直接的影响，只是一般的轴身连接。

①～②、④～⑤、⑥～⑦三处的轴肩用来定位，属于定位轴肩；

②～③、③～④二处的轴肩不是用来定位的，只是为了安装零件方便，属于非定位轴肩；

⑤～⑥处的轴肩仅是一般连接上造成的直径差值，没有什么用处。

轴的各段尺寸确定及单级直齿圆柱齿轮减速器低速轴的强度校核参见相关教材。

3.6.2　轴的强度校核

例 3-5　试校核图 3-7 中带式输送机中的单级斜齿轮减速器的从动轴。已知从动轴的功率 $P_2=23.8\text{kW}$，转速 $n_2=260\text{r/min}$，齿轮分度圆直径 $d_2=319.19\text{mm}$，分度圆上的螺旋角 $\beta=8°6'34''$，法向压力角 $\alpha_n=20°$。轴的尺寸如图 3-8 所示。载荷平稳，单向运转，轴的材料为 45 钢正火处理。

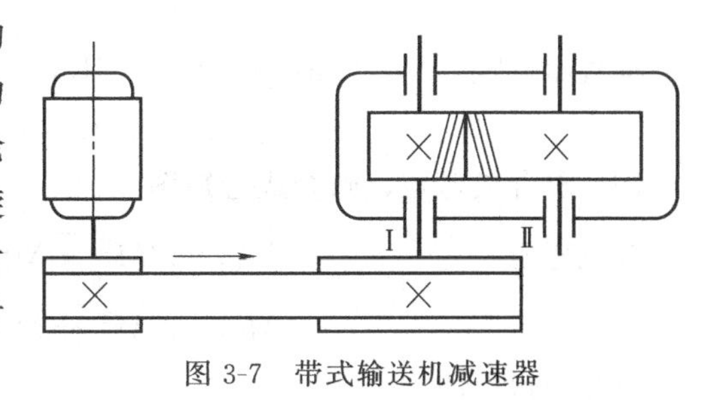

图 3-7　带式输送机减速器

解　（1）确定许用应力

轴的材料为 45 钢正火处理，由表 3-19 查得许用弯曲应力 $[\sigma_{-1}]_b=55\text{MPa}$。

（2）齿轮上作用力的计算

齿轮所受的转矩　$T_2=9.55\times10^6\times\dfrac{P_2}{n_2}=9.55\times10^6\times\dfrac{23.8}{260}=874192\ (\text{N}\cdot\text{mm})$

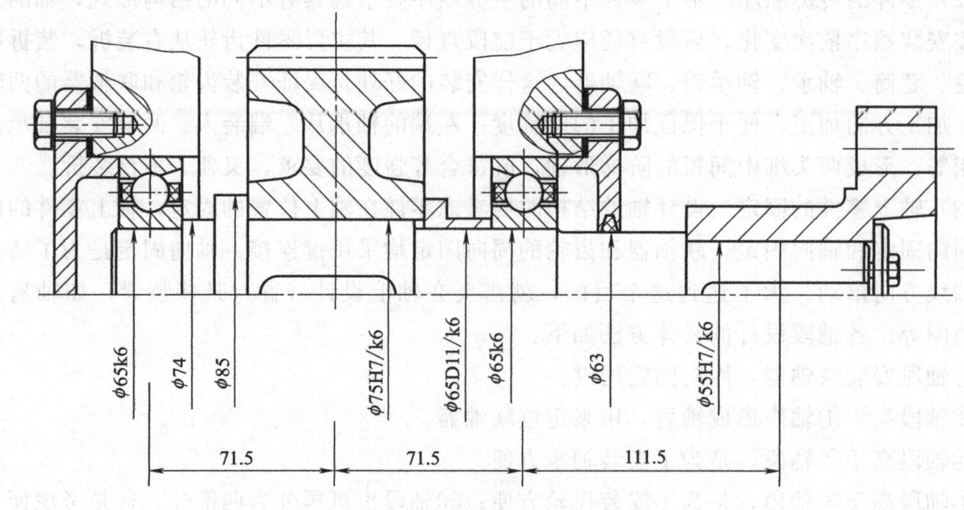

图 3-8 减速器从动轴结构

圆周力 $$F_{t2}=\frac{2T_2}{d_2}=\frac{2\times 874192}{319.19}=5478\ (\mathrm{N})$$

径向力 $$F_{r2}=\frac{F_{t2}}{\cos\beta}\tan\alpha_n=\frac{5478}{\cos 8°6'34''}\tan 20°=2014\ (\mathrm{N})$$

轴向力 $$F_{a2}=F_{t2}\tan\beta=5478\tan 8°6'34''=780\ (\mathrm{N})$$

(3) 画出轴的空间受力图，如图 3-9 所示

(4) 求水平面支反力，画水平面弯矩图

水平面支反力 $$F_{Ay}=F_{By}=\frac{F_{t2}}{2}=\frac{5478}{2}=2739\ (\mathrm{N})$$

水平面弯矩 $$M_{Cz}=F_{Ay}\times 71.5=2739\times 71.5\times 10^{-3}=196\ (\mathrm{N\cdot m})$$

(5) 求垂直面支反力，画垂直面弯矩图

垂直面支反力 $$F_{Az}=\frac{F_{r2}\times 71.5-\dfrac{F_{a2}d_2}{2}}{143}=136\ (\mathrm{N})$$

$$F_{Bz}=F_{r2}-F_{Az}=1878\mathrm{N}$$

垂直面弯矩 $$M_{Cy1}=F_{Az}\times 71.5\times 10^{-3}=9.72\ (\mathrm{N\cdot m})$$

$$M_{Cy2}=F_{Bz}\times 71.5\times 10^{-3}=134.2\ (\mathrm{N\cdot m})$$

(6) 求合成弯矩，画合成弯矩图

合成弯矩 $$M_{C1}=\sqrt{M_{Cz}^2+M_{Cy1}^2}=196.24\mathrm{N\cdot m}$$

$$M_{C2}=\sqrt{M_{Cz}^2+M_{Cy2}^2}=237.54\mathrm{N\cdot m}$$

(7) 画扭矩图

$$T_2=874192\mathrm{N\cdot mm}=874.2\mathrm{N\cdot m}$$

(8) 求当量弯矩

C 截面为危险截面，轴的应力为脉动循环应力，取 $\alpha=0.6$，则

$$M_e=\sqrt{M_{C2}^2+(\alpha T_2)^2}=575.8\mathrm{N\cdot m}$$

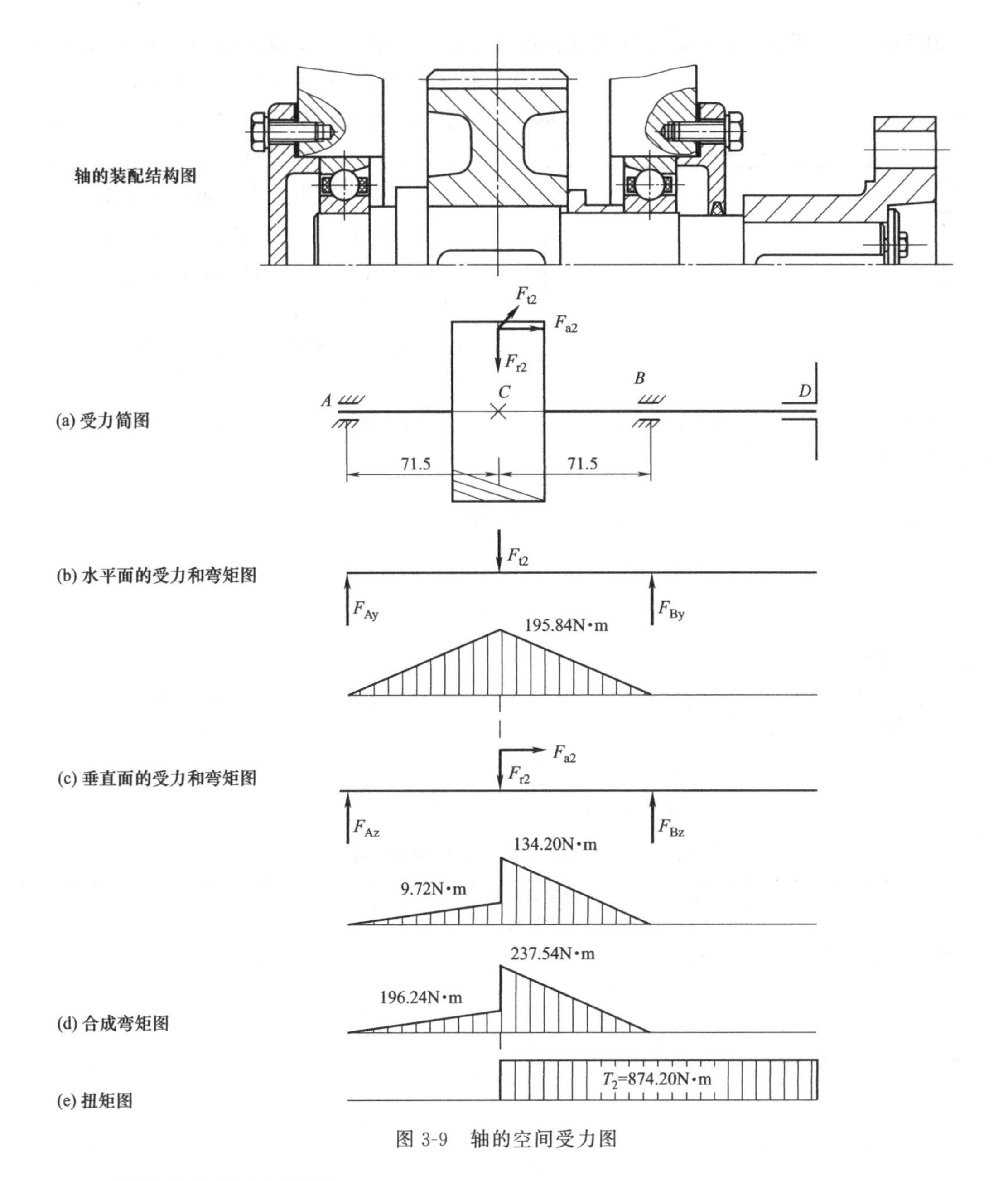

图 3-9　轴的空间受力图

（9）校核危险截面的强度

$$\sigma_e=\frac{M_e}{0.1d^3}=\frac{575.8\times10^3}{0.1\times75^3}=13.65(\mathrm{MPa})<[\sigma_{-1}]_b$$

所以，轴的强度足够。

3.7　轴承的寿命计算

只受径向载荷的深沟球轴承的寿命计算和深沟球轴承的寿命计算参见相关教材，此处不再重复。

例 3-6 某单级斜齿轮减速器从动轴轴颈直径 $d=35\text{mm}$，从动轴转速 $n=500\text{r/min}$，拟采用两个深球轴承（6207）支承，如图 3-10 所示。已知轴承所受径向载荷 $F_{R1}=2200\text{N}$，$F_{R2}=1100\text{N}$，轴向外载 $F_x=800\text{N}$，减速器工作时有中等冲击，求该轴承的寿命。

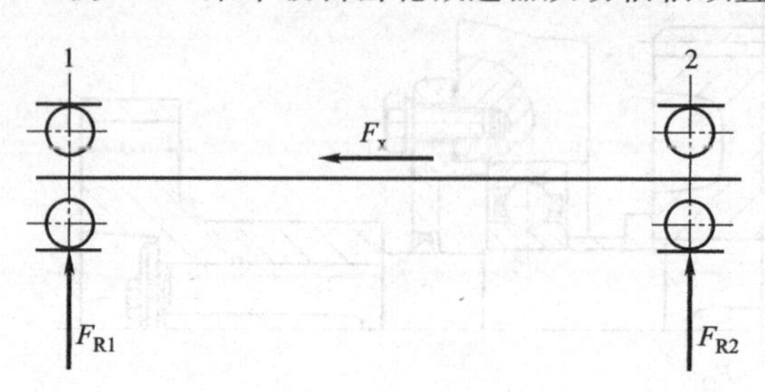

图 3-10 例 3-6 图

解 (1) 计算轴承的当量动载荷

由于轴承 1 的径向载荷比轴承 2 大，且设轴向力 F_x 全部由轴承 1 承受，$F_{A1}=800\text{N}$，故只对轴承 1 进行寿命计算（偏于安全）。

查附录可得 6207 轴承 $C_{0r}=15200\text{N}$，$C_r=25500\text{N}$，则 $F_{A1}/C_{0r}=800/15200=0.053$，查表 3-23 取 $e=0.25$

由于

$$\frac{F_{A1}}{F_{R1}}=\frac{800}{3000}=0.27>e$$

查表可得

$$X=0.56,\ Y=1.7$$

查表 3-24，中等冲击，取 $f_P=1.5$

得当量载荷

$$P_1=f_P(XF_{R1}+YF_{A1})=1.5\times(0.56\times2200+1.7\times800)=3888\ (\text{N})$$

(2) 求轴承的寿命

$$L_h=\frac{16670}{n}\left(\frac{C_r}{P_1}\right)^{\varepsilon}=\frac{16670}{500}\left(\frac{25500}{3888}\right)^3=9406\ (\text{h})$$

表 3-23 径向载荷系数 X 和轴向载荷系数 Y

轴承类型		相对轴承载荷	轴向载荷影响系数	$F_A/F_R\leqslant e$		$F_A/F_R>e$	
名称	代号	F_A/C_{0r}	e	X	Y	X	Y
深沟球轴承	60000	0.025	0.22	1	0	0.56	2.0
		0.04	0.24				1.8
		0.07	0.27				1.6
		0.13	0.31				1.4
		0.25	0.37				1.2
		0.50	0.44				1.0
角接触球轴承	70000C $\alpha=15°$	0.015	0.38	1	0	0.44	1.47
		0.029	0.40				1.40
		0.058	0.43				1.30
		0.087	0.46				1.23
		0.120	0.47				1.19
		0.170	0.50				1.12
		0.290	0.55				1.02
		0.440	0.56				1.00
		0.580	0.56				1.00
	70000AC $\alpha=25°$	—	0.68	1	0	0.41	0.87
	70000B $\alpha=40°$	—	1.14	1	0	0.35	0.57

续表

轴承类型		相对轴承载荷	轴向载荷影响系数	$F_A/F_R \leqslant e$		$F_A/F_R > e$	
名称	代号	F_A/C_{0r}	e	X	Y	X	Y
调心球轴承	10000	—	$1.5\tan\alpha$	1	0	0.4	$0.4\cot\alpha$
圆锥滚子轴承	30000	—	$1.5\tan\alpha$	1	0	0.4	$0.4\cot\alpha$
调心滚子轴承	20000	—	$1.5\tan\alpha$				$0.4\cot\alpha$

注：1. C_{0r}为径向额定静载荷。

2. 对于深沟球轴承和角接触球轴承，先根据算得的相对轴向载荷的值查出对应的 e 值，然后再得出相应的 X、Y 值。对于表中未列出的相对轴向载荷值，可按线性插值法求出相应的 e、X、Y 值。

3. 表中所列为单列轴承，对于双列轴承（或成对安装单列轴承）可查轴承手册。

表 3-24　载荷系数 f_P

载荷性质	无冲击或轻微冲击	中等冲击	强烈冲击
f_P	1.0～1.2	1.2～1.8	1.8～3.0

第4章 减速器的结构

减速器是用于原动机和工作机之间的封闭式机械传动装置，由封在箱体内的齿轮、蜗杆等组成，主要用来降低转速、增大转矩或改变转动方向。由于其传递运动准确可靠，结构紧凑，润滑条件良好，效率高，寿命长，且使用维修方便，在工程中得到广泛的应用。

减速器类型很多，一般按传动装置的类型可分为圆柱齿轮减速器、锥齿轮减速器、锥-圆柱齿轮减速器、蜗杆减速器等；按传动级数可分为一级、二级、三级减速器等。

常用的减速器目前已经标准化和规格化，且由专门化生产厂制造，使用者可根据传动比、工作要求、载荷等条件进行设计选用。课程设计中的减速器设计，一般是根据给定的设计条件和要求，参考已有的系列产品和一些有关资料进行非标准化设计。

4.1 减速器的结构尺寸

减速器箱体尺寸可参照图 4-1 及图 4-2，按表 4-1、表 4-2 确定。

表 4-1 减速器箱体主要结构尺寸

名　　称	符　　号	单级圆柱齿轮减速器尺寸关系
箱座壁厚	δ	$0.025a+1\geqslant 8$
箱盖壁厚	δ_1	$0.02a+1\geqslant 8$
箱盖凸缘厚度	b_1	$1.5\delta_1$
箱座凸缘厚度	b	1.5δ
箱座底凸缘厚度	b_2	2.5δ
地脚螺钉直径	d_f	$0.036a+12$
地脚螺钉数目	n	$a\leqslant 250$ 时，$n=4$ $a=250\sim 500$ 时，$n=6$ $a>500$ 时，$n=8$
轴承旁连接螺栓直径	d_1	$0.75d_f$
盖与座连接螺栓直径	d_2	$(0.5\sim 0.6)d_f$
连接螺栓 d_2 的间距	l	$150\sim 200$
轴承盖螺钉直径	d_3	$(0.4\sim 0.5)d_f$
窥视孔盖螺钉直径	d_4	$(0.3\sim 0.4)d_f$
定位销直径	d	$(0.7\sim 0.8)d_2$
d_f、d_1、d_2 至外箱壁距离	C_1	见表 4-2
d_f、d_2 至凸缘边缘距离	C_2	见表 4-2
轴承旁凸台半径	R_1	C_2
凸台高度	h	根据低速轴轴承座外径确定，以便于扳手操作为准
外箱壁至轴承座端面距离	l_1	$C_1+C_2+(5\sim 10)$

续表

名　称	符　号	单级圆柱齿轮减速器尺寸关系
齿顶圆与内箱壁距离	Δ_1	$>1.2\delta$
齿轮端面与内箱壁距离	Δ_2	$>\delta$
箱盖、箱座肋厚	m_1、m	$m_1\approx0.85\delta_1$；$m\approx0.85\delta$
轴承端盖外径	D_2	D_2＝轴承孔直径 $D+(5\sim5.5)d_3$(凸缘式) $D_2=1.25D+10$(嵌入式)，D—轴承外径
轴承旁连接螺栓距离	S	尽量靠近，以与端盖螺栓不干涉为准，一般取 $S\approx D_2$
减速器中心高	H	$r_a+(60\sim80)$(r_a 为大齿轮半径)

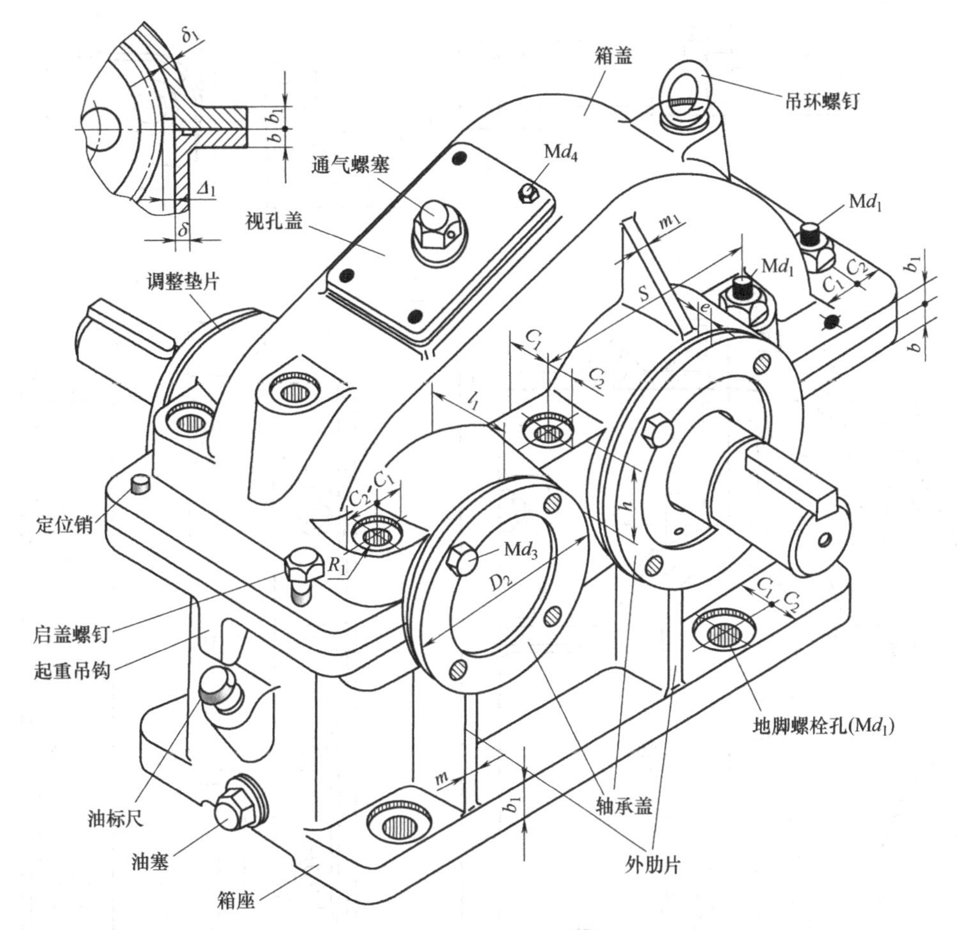

图 4-1　单级圆柱齿轮减速器

表 4-2　凸台及凸缘的结构尺寸

螺栓直径	M6	M8	M10	M12	M14	M16	M18	M20	M22
$C_{1\min}$	12	14	16	18	20	22	24	26	30
$C_{2\min}$	10	12	14	16	18	20	22	24	26
沉头座直径 D_0	15	20	24	28	32	34	38	42	44
螺栓托面与箱体立面处的圆角半径 R_0	5					8			
凸缘边处圆角半径 r_0	3						5		

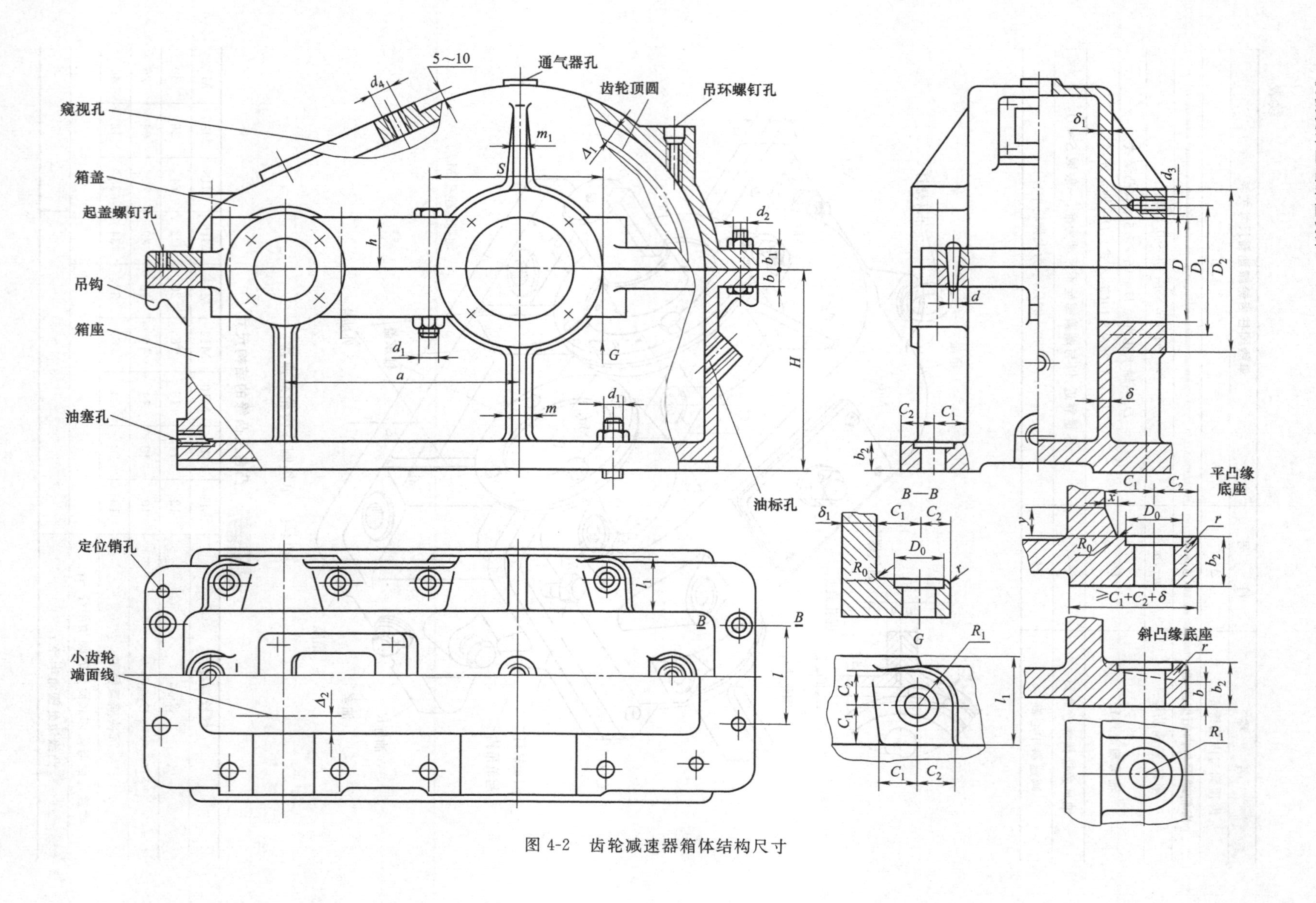

图 4-2 齿轮减速器箱体结构尺寸

4.2 减速器附件的结构

为便于检查箱内齿轮的啮合情况、注油、排油、指示油位以及起吊搬运减速器等，减速器上通常设置各种附件。

4.2.1 窥视孔及盖板

窥视孔是用来检查传动件的啮合、齿侧间隙、接触斑点及润滑情况等，还可用于注入润滑油。窥视孔应开在便于观察传动件啮合区的位置，尺寸大小以便于观察为宜。为了减少油内的杂物进入箱内，可在窥视孔口处装一过滤网。

窥视孔通常开在箱盖的顶部，且要能看到啮合区的位置。其大小可视减速器的大小而定，但至少应能将手伸入箱内进行检查操作。

窥视孔要有盖板，盖板可用钢板或铸铁制成，盖板的底部垫有纸质封油垫片，以防润滑油外渗和灰尘进入箱体。一般中小型窥视孔及盖板的结构尺寸见表 4-3。也可参照减速器有关结构自行设计。

表 4-3　窥视孔及盖板的结构尺寸

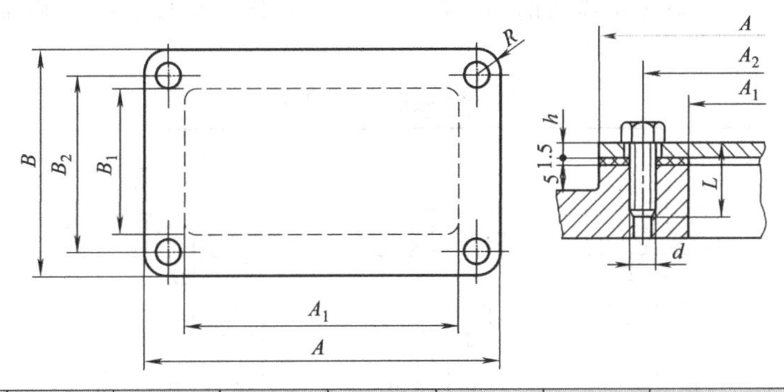

A	B	A1	B1	A2	B2	h	R	螺钉		
								d	L	个数
115	90	75	50	95	70	3	10	M8	15	4
160	135	100	75	130	105	3	15	M10	20	4
210	160	150	100	180	130	3	15	M10	20	6
260	210	200	150	230	180	4	20	M12	25	8
360	260	300	200	330	230	4	25	M12	25	8
460	360	400	300	430	330	6	25	M12	25	8

4.2.2 通气器

通气器多装在箱盖顶部或窥视孔盖上，以便于箱体内的热膨胀气体自由排出，使箱体内、外压力平衡，使得密封件不受高压气体的损坏。较完善的通气器内部做成各种曲路，并有金属网，以减少灰尘随空气而被吸入箱体内。课程设计采用表 4-4 所示带孔螺钉制成的简易通气器，通气孔不能直通顶端，以免灰尘进入。

表 4-4 通气器

d	D	D_1	L	l	a	d_1
M10×1	13	11.5	16	8	2	3
M12×1.25	18	16.5	19	10	2	4
M16×1.5	22	19.6	23	12	2	5
M20×1.5	30	25.4	28	15	4	6
M22×1.5	32	25.4	29	15	4	7
M27×1.5	38	31.2	34	18	4	8
M30×2	42	36.9	36	18	4	8
M33×2	45	36.9	38	20	4	8
M36×3	50	41.6	46	20	5	8

4.2.3 油标

油标用来指示油面高度，因此常设置在便于检查及油面稳定之处（如低速级传动件附近的箱壁上）。

常用的油标有圆形油标、长形油标、管状油标和杆式油标等。一般多用带有螺纹的杆式油标（图 4-3），油标上的油面刻度线分别对应最高和最低油面。为便于加工和节省材料，油标的手柄和尺杆常用铆接或焊接在一起，见表 4-5。为避免因油搅动而影响检查效果，可在标尺外装隔离套，如图 4-4 所示。油标多安装在箱体侧面，设计时应合理确定油标插孔的位置及倾斜角度，既要避免箱体内的润滑油溢出，又要便于油标的插取和油标插孔的加工，见图 4-5。

表 4-5 杆式油标 mm

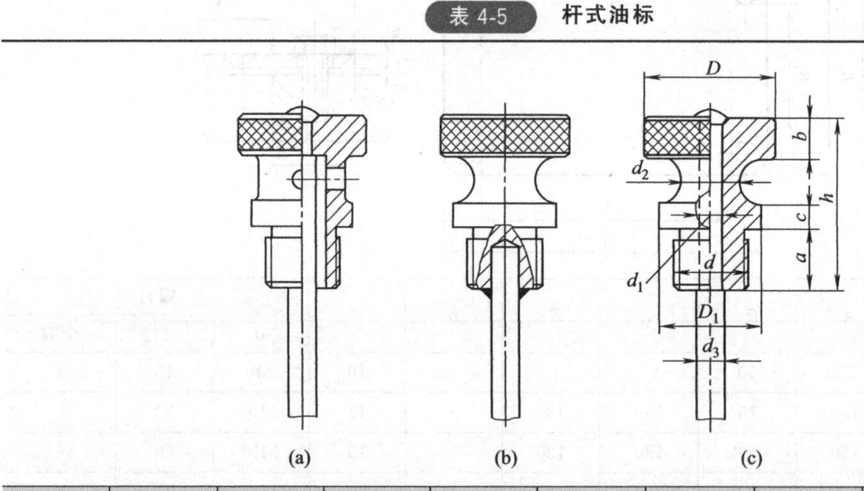

d	d_1	d_2	d_3	h	a	b	c	D	D_1
M12	4	12	6	28	10	6	4	20	16
M16	4	16	6	35	12	8	5	26	22
M20	6	20	8	42	15	10	6	32	26

4.2.4 放油孔和螺塞

为了将箱体内的油污排放干净，应在油池的最低位置处设置放油孔，见图 4-6，并安置在减速器不与其他部件靠近的一侧，以便于放油。

平时放油孔用螺塞堵住，并配有封油垫圈。螺塞及封油垫圈的结构尺寸见表 4-6。

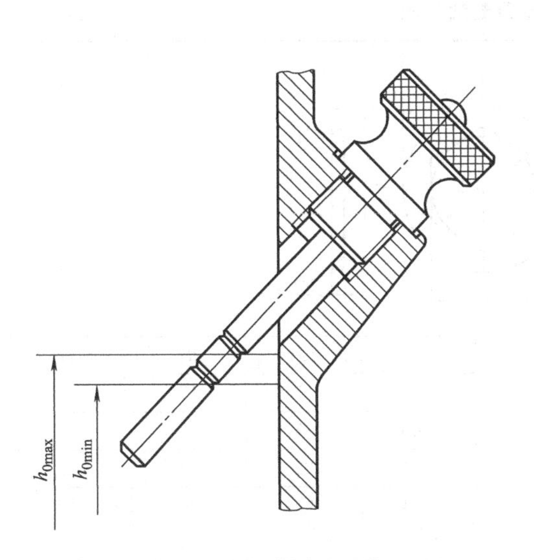

图 4-3 杆式油标

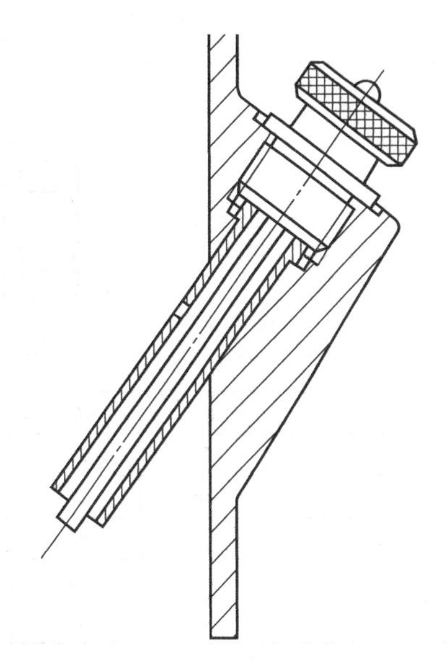

图 4-4 带隔离套的杆式油标

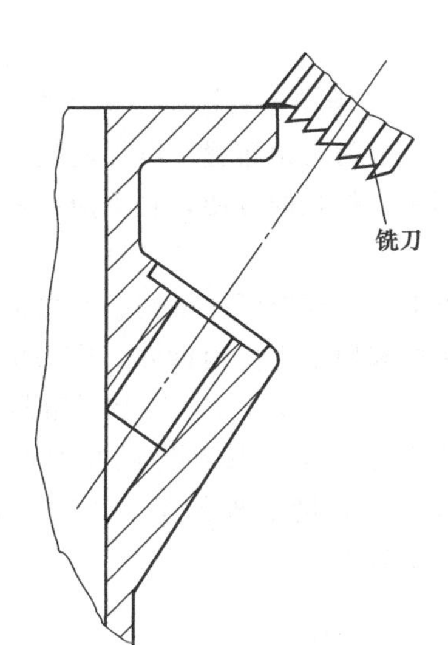

(a) 不正确

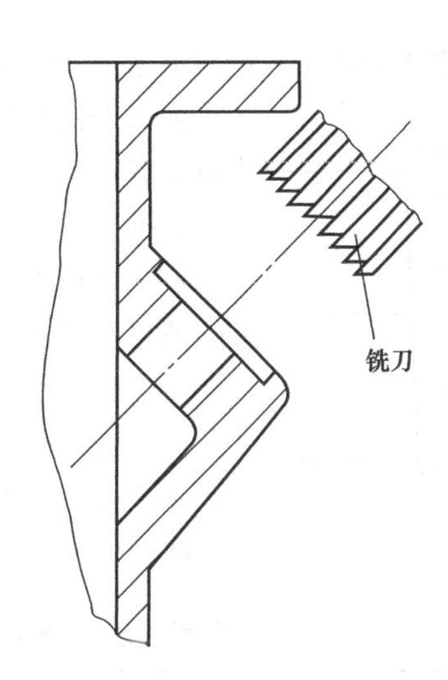

(b) 正确

图 4-5 箱座油标插孔的倾斜位置

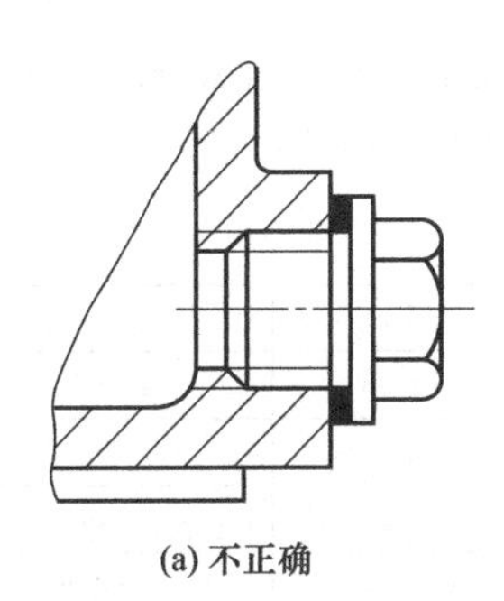

(a) 不正确

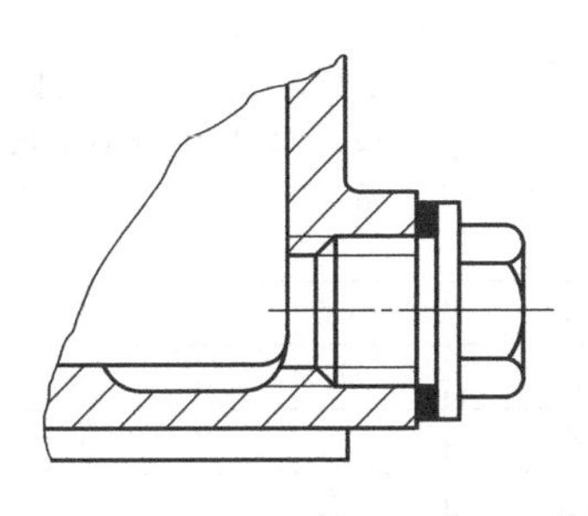

(b) 正确

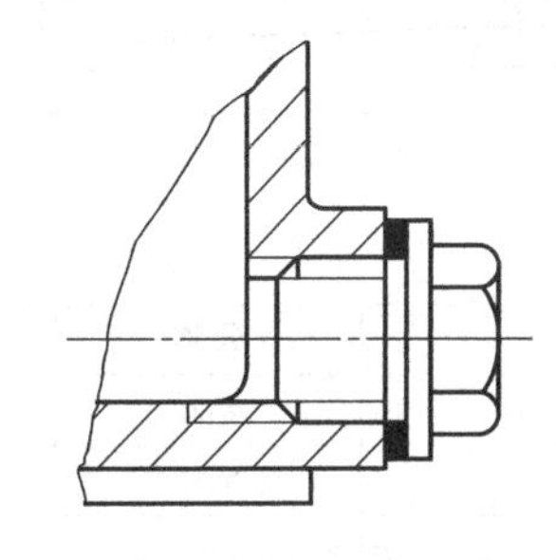

(c) 正确(有半边孔攻螺纹工艺性较差)

图 4-6 放油孔的位置

表 4-6 **螺塞及封油垫圈** mm

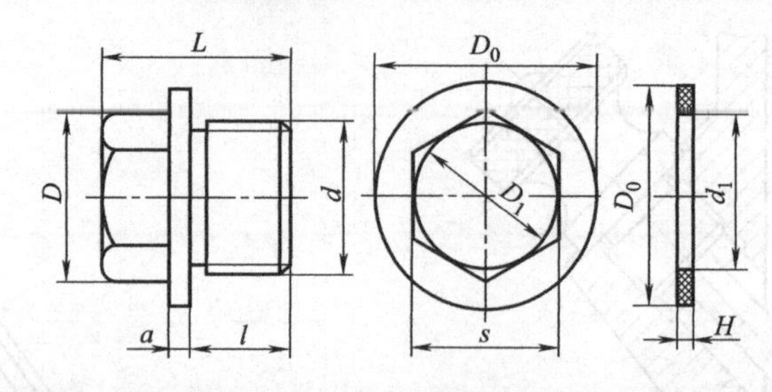

d	D_0	L	l	a	D	s	d_1	H
M14×1.5	22	22	12	3	19.6	17	15	2
M16×1.5	26	23	12	3	19.6	17	17	2
M20×1.5	30	28	15	4	25.4	22	22	2
M24×2	34	31	16	4	25.4	22	26	2.5
M27×2	38	34	18	4	31.2	27	29	2.5

4.2.5 定位销

为了保证箱体轴承座孔的镗孔精度和装配精度，需在上下箱体连接凸缘长度方向的两端安置两个定位销，一般为对角布置，以提高定位精度。定位销的位置还应考虑到钻、铰孔的方便，且不应妨碍附近连接螺栓的装拆。

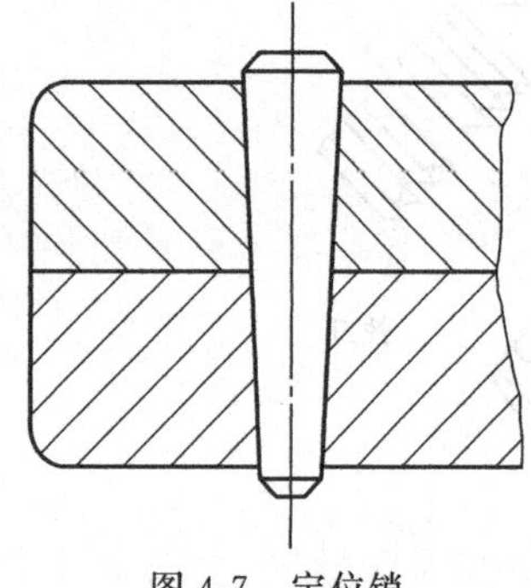
图 4-7 定位销

定位销有圆锥形和圆柱形两种结构。为保证重复拆装时定位销与销孔的紧密性和便于定位销拆卸，应采用圆锥销。一般定位销直径 $d=(0.7\sim0.8)d_2$，d_2 为上下箱凸缘连接处螺栓直径。其长度应大于上下箱连接凸缘的总厚度，并且装配后上、下两端应具有一定长度的外伸量，以便装拆，见图 4-7。圆锥销的结构尺寸见表 4-7。

表 4-7 **圆锥销**（GB/T 117—2000） mm

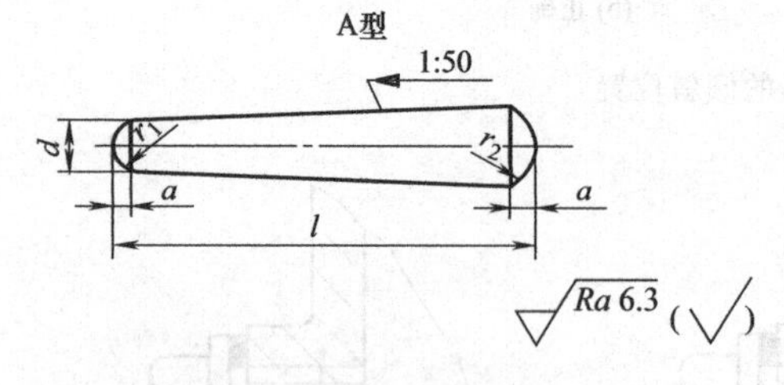

$r_1\approx d$

$$r_2\approx\frac{a}{2}+d+\frac{(0.021)^2}{8a}$$

标记示例：

公称直径 $d=10$mm、长度 $l=60$mm、材料 35 钢、热处理硬度(28～38)HRC、表面氧化处理的 A 型圆锥销：

销 GB/T 117 10×60

d	公称	6	8	10	12	16
	min	5.59	7.94	9.94	11.93	15.93
	max	6	8	10	12	16
$a\approx$		0.8	1.0	1.2	1.6	2.0
l		22～90	22～120	26～160	32～180	40～200
系列		22、24、26、28、30、32、35、40、45、50、55、60、65、70				

4.2.6　起盖螺钉

为加强密封效果，通常装配时在箱体剖分面上涂以水玻璃或密封胶，因而在拆卸时往往因胶结紧密而难于开盖。为此常在箱盖连接凸缘的适当位置加工出 1～2 个螺孔，旋入起盖螺钉，将上箱盖顶起。起盖螺钉的直径一般等于凸缘连接螺栓直径，螺纹有效长度要大于凸缘厚度。钉杆端部要做成圆形并光滑倒角或制成半球形，以免损坏螺纹，见图 4-8 (a)；也可在箱座凸缘上制出起盖用螺纹孔，螺纹孔直径等于凸缘连接螺栓直径，这样，必要时可用凸缘连接螺栓旋入起盖螺纹孔顶起箱盖，见图 4-8 (b)。

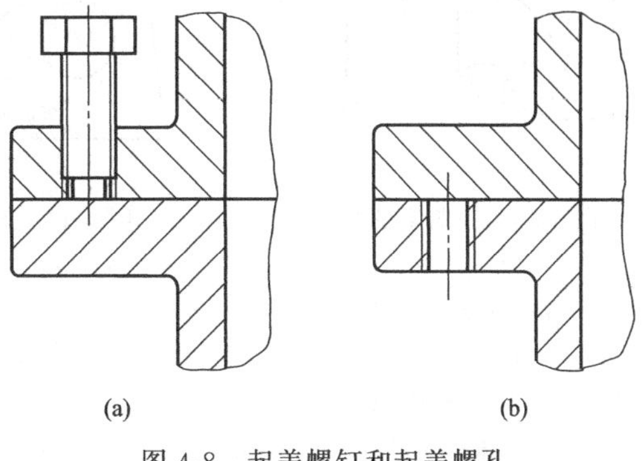

图 4-8　起盖螺钉和起盖螺孔

4.2.7　起吊装置

为了拆卸及搬运，通常在箱盖和箱座上设置起吊装置。起吊装置可以采用吊环螺钉，也可以直接在箱体表面铸造吊耳或吊钩。

由于吊环螺钉为标准件，可按起重量由手册选取。箱盖安装吊环螺钉处应设置凸台，以使吊环螺钉有足够的深度。加工螺孔时，应避免钻头半边切削的行程过长而使钻头折断，见图 4-9。

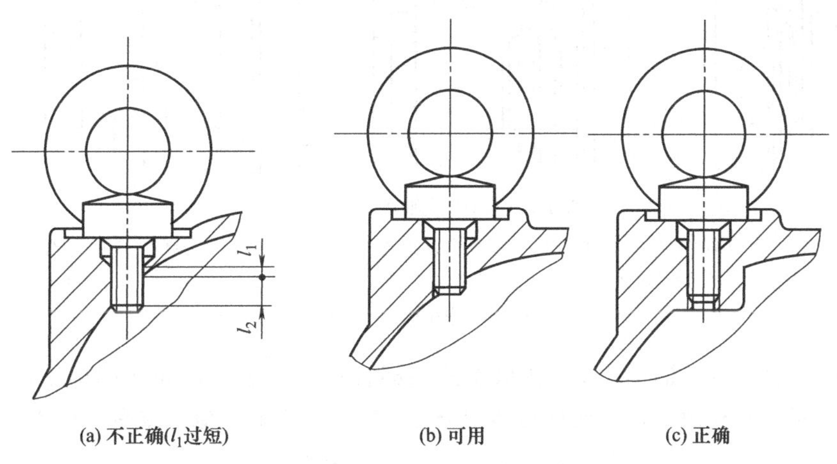

图 4-9　吊环螺钉螺孔尾部的结构

采用吊环螺钉使机加工工序增加，对于重量较大的箱盖或减速器，常在箱盖上直接铸出吊钩或吊耳，其结构尺寸见图 4-10 和图 4-11。箱座两端凸缘下面铸出的吊钩用以起吊或搬运较重的减速器，其宽度一般与箱壁外凸缘宽度相等，其结构尺寸见图 4-12。

4.2.8　轴承盖

轴承盖的功用是轴向固定轴承，承受轴系载荷，调整轴承间隙和实现轴承座孔处的密封等。轴承盖的结构有凸缘式和嵌入式两种，每一种形式按是否有通孔，又可分为透盖和闷盖。轴承盖的材料一般为铸铁或铸钢。

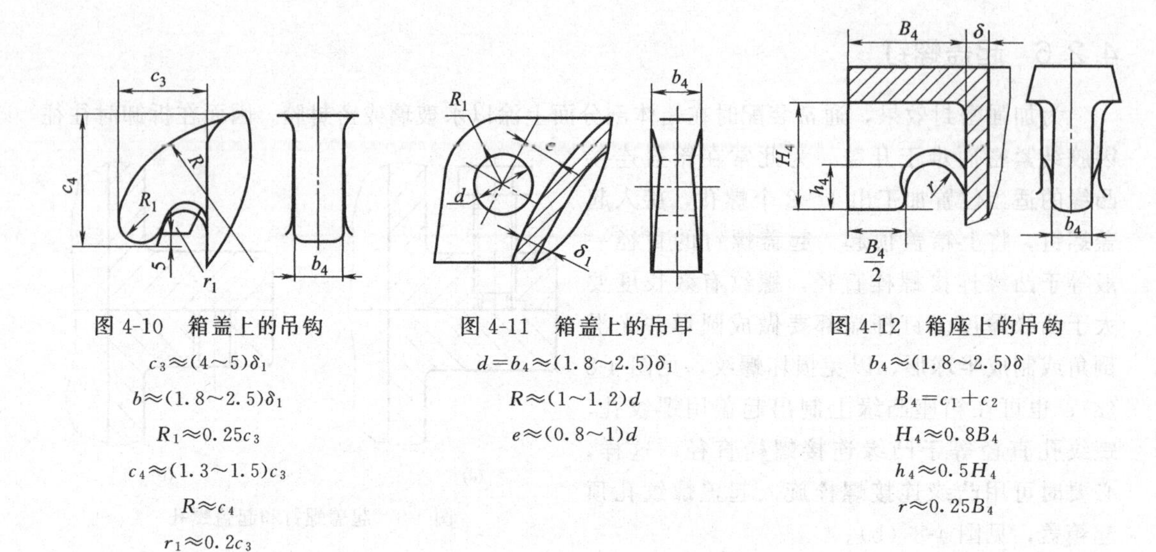

图 4-10 箱盖上的吊钩

$c_3 \approx (4 \sim 5)\delta_1$

$b \approx (1.8 \sim 2.5)\delta_1$

$R_1 \approx 0.25c_3$

$c_4 \approx (1.3 \sim 1.5)c_3$

$R \approx c_4$

$r_1 \approx 0.2c_3$

图 4-11 箱盖上的吊耳

$d = b_4 \approx (1.8 \sim 2.5)\delta_1$

$R \approx (1 \sim 1.2)d$

$e \approx (0.8 \sim 1)d$

图 4-12 箱座上的吊钩

$b_4 \approx (1.8 \sim 2.5)\delta$

$B_4 = c_1 + c_2$

$H_4 \approx 0.8B_4$

$h_4 \approx 0.5H_4$

$r \approx 0.25B_4$

凸缘式轴承盖调整轴承间隙比较方便，密封性能好，故得到广泛的应用，但需用螺栓将其与箱体相连，故结构复杂。凸缘式轴承盖结构尺寸见图 4-13。

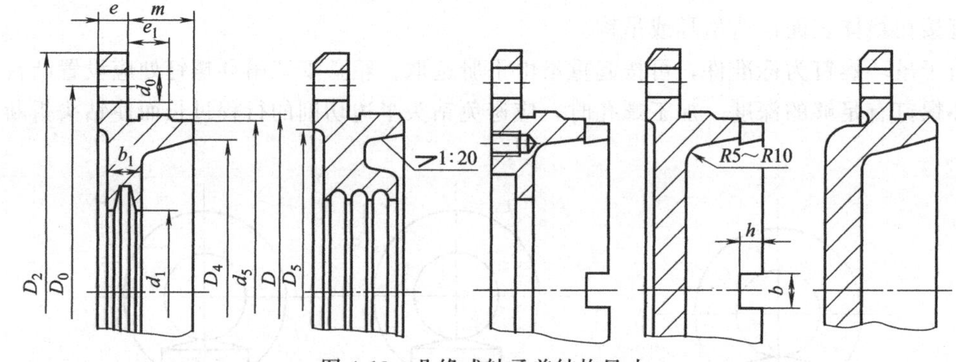

图 4-13 凸缘式轴承盖结构尺寸

$d_0 = d_3 + 1\text{mm}$ d_3 为轴承盖的螺钉直径（见表 4-1） $d_5 = D - (2 \sim 4)$ mm $D_0 = D + 2.5d_3$ $D_2 = D_0 + 2.5d_3$

$D_4 = D - (10 \sim 15)$ mm $e = 1.2d_3$ b_1、d_1 由密封尺寸确定 $e_1 > e$ $b = 5 \sim 10\text{mm}$

$D_5 = D_0 - 3d_3$ m 由结构确定 $h = (0.8 \sim 1)b$

当轴承用箱体内的油润滑时，轴承盖的端部直径应略小些，并在端部铣出尺寸 $b \times h$（图 4-13）的径向对称缺口，以便使箱体剖分面上输油沟内的油流入轴承，如图 4-14 所示。

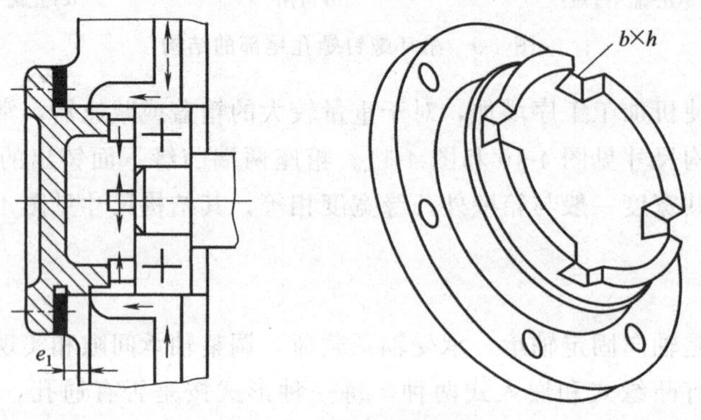

图 4-14 轴承盖结构

嵌入式轴承盖结构尺寸如图4-15所示。嵌入式轴承盖结构简单，不用螺栓连接，但密封性差，适用于采用脂润滑的滚动轴承装置。嵌入式轴承盖调整轴承间隙比较麻烦，需要打开机盖，放置调整垫片，只适用于深沟球轴承［图4-16（a)］。

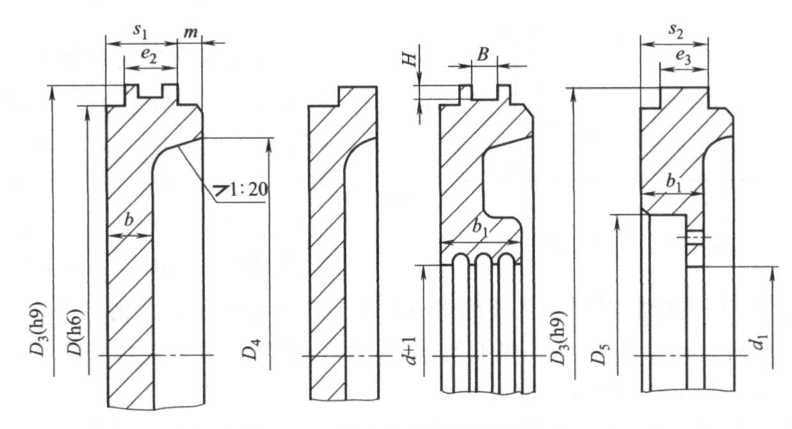

图4-15 嵌入式轴承盖结构尺寸

$e_2=8\sim12\text{mm}$ $e_3=5\sim8\text{mm}$ $s_1=15\sim20\text{mm}$ $s_2=10\sim15\text{mm}$ m 由结构确定 $D_3=D+e_2$

$b=8\sim10\text{mm}$ 装有O形圈的，按O形圈外径取整 D_5、d_1、b_1 等由密封尺寸确定

D_4 由轴承结构确定 H、B 按O形圈的沟槽尺寸确定

若轴承采用油润滑，在轴承端盖中设置O形密封圈能提高其密封性能，如图4-16（b）所示；若用于角接触轴承，则可用图4-16（c）所示的结构，用调整螺钉调整轴承间隙。

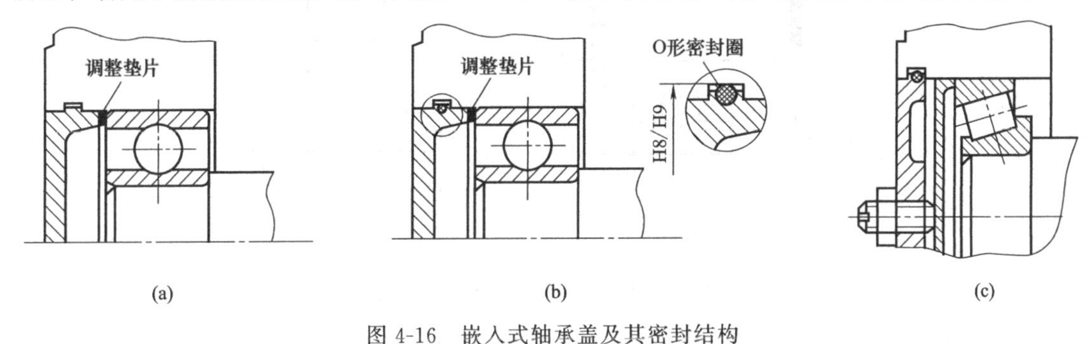

图4-16 嵌入式轴承盖及其密封结构

4.3 减速器的润滑与密封

在减速器中，齿轮与轴承的润滑是非常重要的，因为减速器良好的润滑可降低传动件及轴承的摩擦功耗，减少磨损，提高传动效率，降低噪声和改善散热以及防止零件生锈等。

4.3.1 齿轮的润滑

对于大多数减速器，由于其齿轮的圆周速度小于12m/s，常采用浸油润滑，故箱体内需有足够的润滑油，保证润滑和散热。所以箱座的高度要考虑到所需油量。可按图4-17确定齿轮的浸油深度，一般为一个齿高，但不应小于10mm，浸油过深会增加齿轮的运动阻力并使油温升高，齿轮的浸油深度不应超过其分度圆半径的1/3。另外，为避免油搅动时沉渣泛

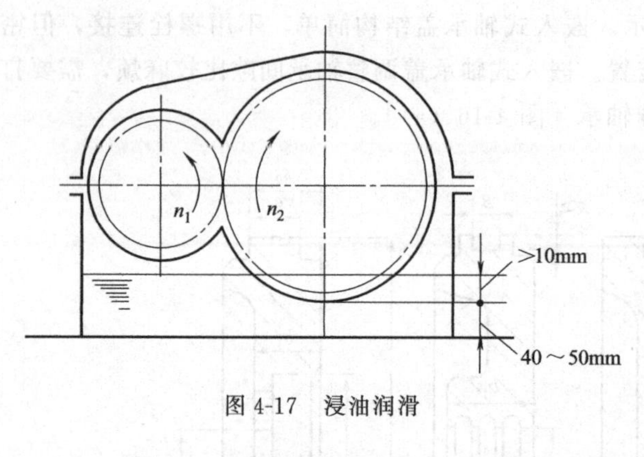

图 4-17 浸油润滑

起，齿顶到油池底面的距离应保持在40～50mm。

4.3.2 轴承的润滑

齿轮减速器滚动轴承的润滑可分为脂润滑和油润滑两种。当浸油齿轮的圆周速度小于 2m/s 时，采用脂润滑；当其大于 2m/s 时，则应采用油润滑。也可根据轴颈的圆周速度判断润滑方式，轴颈圆周速度小于 5m/s 时采用脂润滑。

(1) 脂润滑　润滑脂润滑是指在装配时将润滑脂填入轴承室，润滑脂的填入量为轴承室的 1/2～2/3，以后每年添 1～2 次。填润滑脂时，可拆去轴承盖直接添加，也可用旋盖式油杯加注，或采用压注油杯，用压力枪加注。

当轴承采用脂润滑时，为防止箱内润滑油进入轴承，造成润滑脂稀释而流出，通常在箱体轴承座内端面一侧安装挡油环。其结构尺寸和安装位置见图 4-18。

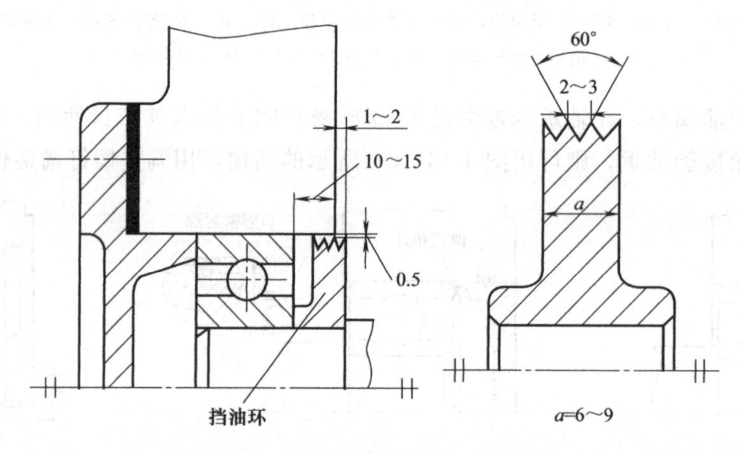

图 4-18 挡油环结构尺寸和安装位置

(2) 油润滑　减速器中只要有一个浸入油池的齿轮的圆周速度大于 2m/s 时，即可采用油润滑来润滑轴承。当利用箱内齿轮溅起来的油来润滑轴承时，通常箱盖凸缘面在箱盖接合面与内壁相接的边缘处制出倒棱，以便于油流入油沟，分箱面上油沟的断面尺寸见图 4-19。为使油顺利到达轴承，应采用图 4-15 所示的轴承盖。

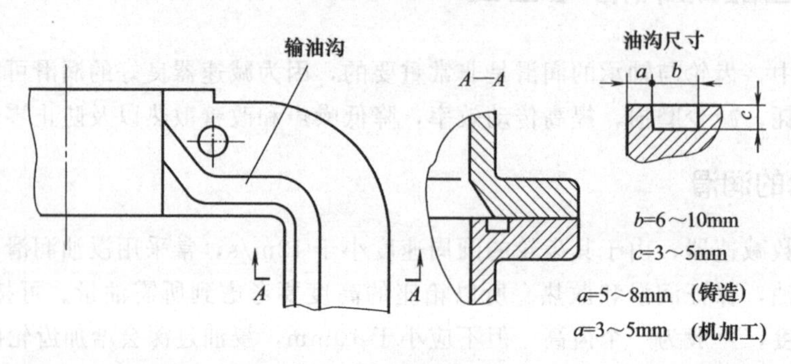

图 4-19 油沟的结构尺寸

轴承采用油润滑时，轴承端面与内壁距离为 3～5mm，如图 4-20 所示。若齿轮为斜齿轮，且斜齿轮直径小于轴承外径时，为了防止齿轮啮合时挤出的热油大量冲向轴承内部，尤其在高速下更为严重，应在小齿轮与轴承之间装挡油板，见图 4-21。图 4-21（a）的挡油板为冲压件，适用于成批生产；图 4-21（b）的挡油板为车削加工制成，适用于单件小批量生产。

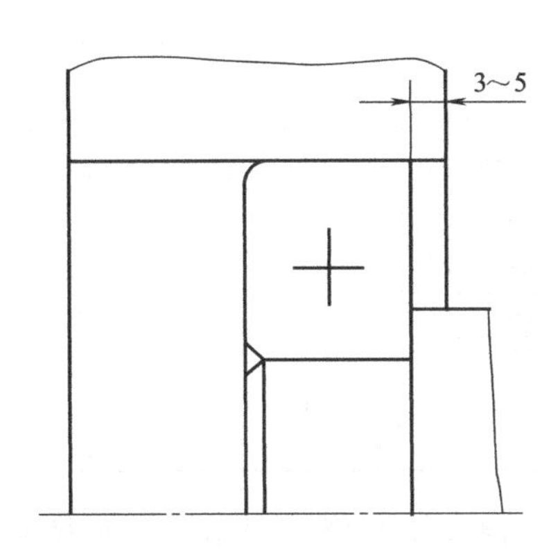

图 4-20 轴承在箱体中的位置

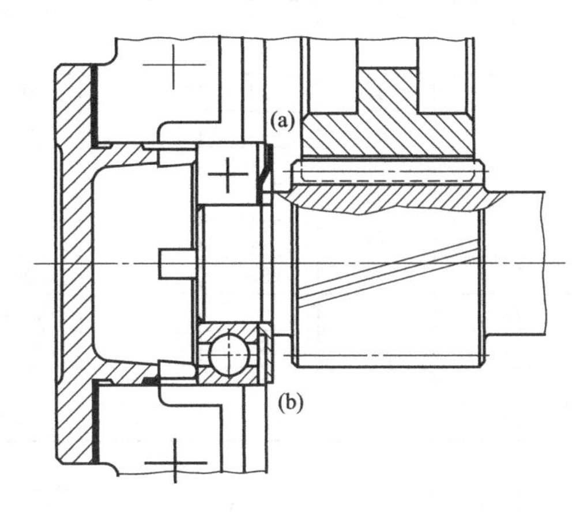

图 4-21 挡油板

4.3.3 减速器的密封

减速器需要密封的地方有轴的伸出端、箱体结合面、轴承盖、窥视孔和放油孔等。密封的形式应根据其特点和使用要求来合理地选择和设计。

（1）轴伸出端的密封 轴伸出端的密封是为了防止轴承的润滑剂外漏及外界灰尘及水分等的渗入。常见的密封形式很多，相应的密封效果也不一样。如常用的毡圈式密封，如图 4-22 所示，其特点是结构简单、价廉、安装方便，但接触面的摩擦大，毡圈寿命短，一般用于轴颈圆周速度小于 5m/s 的脂润滑轴承场合。毡圈和槽的尺寸见表 4-8。

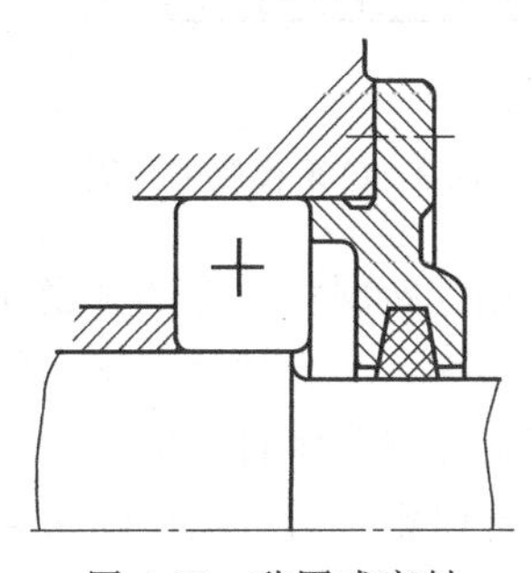

图 4-22 毡圈式密封

表 4-8 毡圈密封形式和尺寸

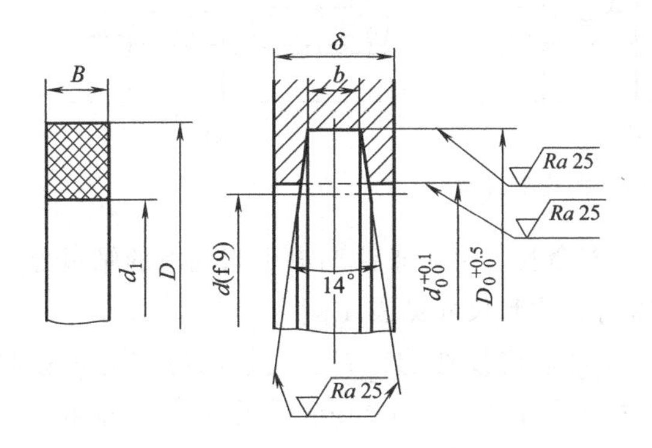

标记示例：
d=50mm 的毡圈油封：
毡圈 50JB/ZQ4606—1997

续表

轴径 d	毡圈				槽				
	D	d_1	B	重量/kg	D_0	d_0	b	δ_{min}	
								用于钢	用于铸铁
15	29	14	6	0.0010	28	16	5	10	12
20	33	19		0.0012	32	21			
25	39	24	7	0.0018	38	26	6	12	15
30	45	29		0.0023	44	31			
35	49	34		0.0023	48	36			
40	53	39		0.0026	52	41			
45	61	44	8	0.0040	60	46	7		
50	69	49		0.0054	68	51			
55	74	53		0.0060	72	56			
60	80	58		0.0069	78	61			
65	84	63		0.0070	82	66			
70	90	68		0.0079	88	71			
75	94	73		0.0080	92	77			
80	102	78	9	0.011	100	82	8	15	18

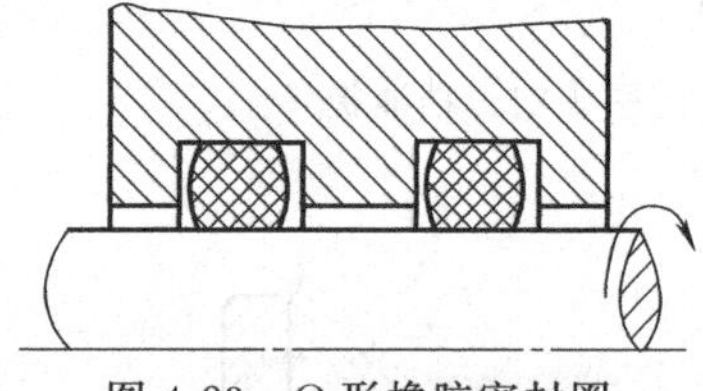

图 4-23 O 形橡胶密封圈

如图 4-23 所示的 O 形橡胶密封圈，利用安装沟槽使密封圈受到预压缩而密封，在介质压力作用下产生自紧作用面增强密封效果。O 形圈有双向密封的能力，其密封结构简单，多用于静密封。O 形橡胶密封圈的尺寸可查 GB/T 3452.1—2005。

唇形橡胶密封圈组件由唇形耐油橡胶圈和弹簧丝圈组成，利用弹簧圈将唇形部分紧压在轴上，由于唇部密封接触面宽度很窄（0.13～0.5mm），回弹力很大，又有弹簧箍紧，使唇部对轴具有较好的追随补偿作用，因此能以较小的唇口径向力获得良好的密封效果，见图 4-24。

设计时密封唇方向应朝向密封方向。为了封油，密封唇朝向轴承一侧，见图 4-24（a）；为防止外界灰尘、杂质渗入时，应使密封唇背向轴承，见图 4-24（b）；双向密封时，可使两个橡胶油封反向安装，见图 4-24（c）。

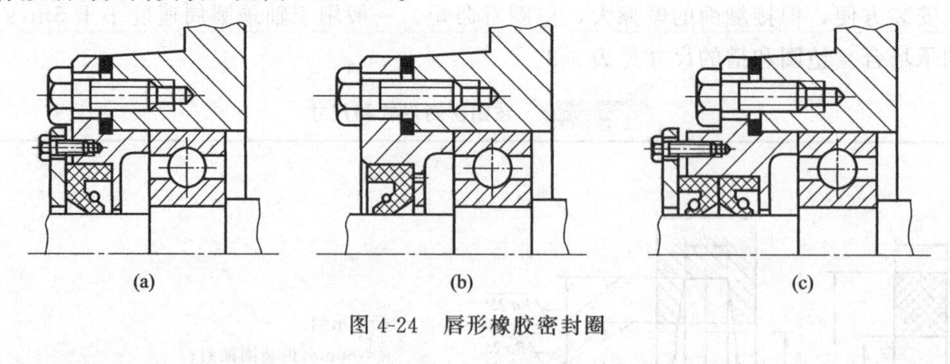

图 4-24 唇形橡胶密封圈

唇形橡胶密封圈密封性能好，工作可靠，寿命长，可用于油润滑和脂润滑的轴承处，允许轴颈圆周速度小于 8m/s。唇形密封圈的密封结构和尺寸见表 4-9。

（2）箱体结合面的密封　为了保证箱座和箱盖连接处的密封，连接凸缘应有足够的宽度，结合面要精加工。连接螺栓间距不应过大（小于 150～200mm），并尽量匀称布置，以保证足够的压紧力。为了保证轴承孔的精度，剖分面间不得加整片，只允许在剖分面间涂密

表 4-9　**内含骨架旋转轴唇形密封圆**

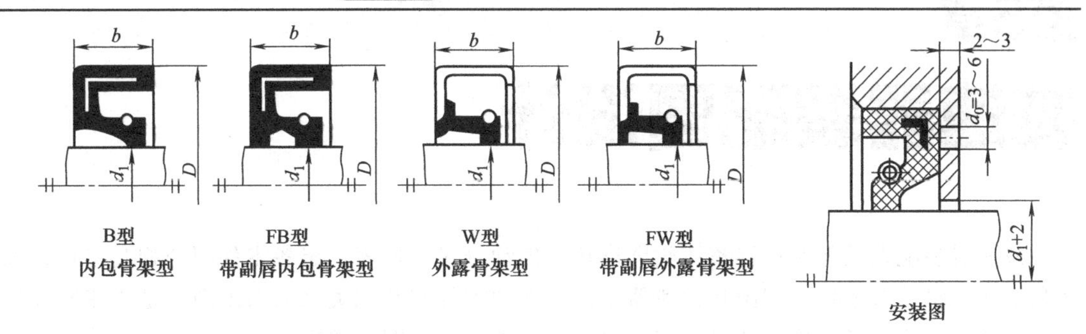

标记示例：

(F)B　120　150　GB/T 13871—2007

(带副唇的)内包骨架型旋转轴唇形密封圈，d_1=120mm，D=150mm

<table>
<tr><th>d1</th><th>D</th><th>b</th><th>d1</th><th>D</th><th>b</th><th>d1</th><th>D</th><th>b</th></tr>
<tr><td>6</td><td>16,22</td><td rowspan="11">7</td><td>25</td><td>40,47,52</td><td rowspan="3">7</td><td>55</td><td>72,(75),80</td><td rowspan="2">8</td></tr>
<tr><td>7</td><td>22</td><td>28</td><td>40,47,52</td><td>60</td><td>80,85</td></tr>
<tr><td>8</td><td>22,24</td><td>30</td><td>42,47,(50)</td><td>65</td><td>85,90</td><td rowspan="4">10</td></tr>
<tr><td>9</td><td>22</td><td>30</td><td>52</td><td rowspan="8">8</td><td>70</td><td>90,95</td></tr>
<tr><td>10</td><td>22,25</td><td>32</td><td>45,47,52</td><td>75</td><td>95,100</td></tr>
<tr><td>12</td><td>24,25,30</td><td>35</td><td>50,52,55</td><td>80</td><td>100,110</td></tr>
<tr><td>15</td><td>26,30,35</td><td>38</td><td>52,58,62</td><td>85</td><td>110,120</td><td rowspan="5">12</td></tr>
<tr><td>16</td><td>30,(35)</td><td>40</td><td>55,(60),62</td><td>90</td><td>(115),120</td></tr>
<tr><td>18</td><td>30,35</td><td>42</td><td>55,62</td><td>95</td><td>120</td></tr>
<tr><td>20</td><td>35,40,(45)</td><td>45</td><td>62,65</td><td>100</td><td>125</td></tr>
<tr><td>22</td><td>35,40,47</td><td>50</td><td>68,(70),72</td><td>105</td><td>(130)</td></tr>
</table>

封胶。为提高密封性，当轴承采用脂润滑时，在箱座凸缘上面常制出回油沟，使渗入凸缘连接缝隙面上的油重新回到箱体内，回油沟的结构如图 4-25 所示，其尺寸与图 4-19 相同。

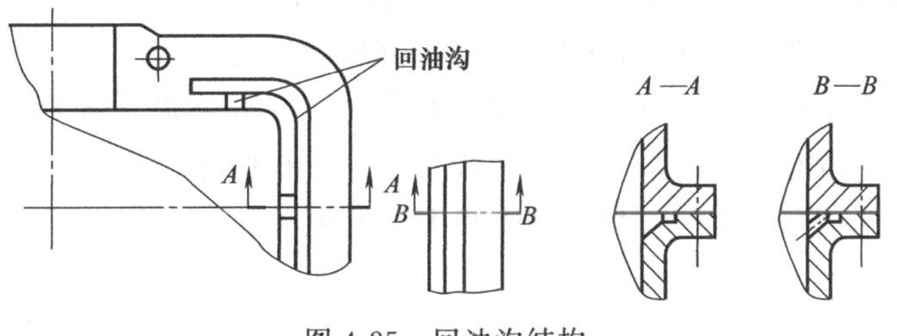

图 4-25　回油沟结构

(3) 其他部位的密封　凸缘式轴承端盖、窥视孔盖板、放油螺塞、油标等接缝面均需加纸垫片或皮垫片，以确保密封性能。

第5章

减速器装配图设计

减速器装配图反映减速器整体轮廓形状、传动方式，也表达出各零件间的相互位置、尺寸和结构形状。减速器装配图是减速器工作原理和零件间装配关系的系统图，是减速器部件组装、调试、检验及维修的技术依据，也是绘制零件工作图的基础。

5.1 装配图设计的准备

在画装配图之前，应翻阅有关资料、参观或装拆实际减速器，搞清楚各零部件的功用。根据设计任务书上的技术数据，选择计算出有关零部件的结构和主要尺寸，具体内容如下：

① 电动机型号、输出轴的直径范围、轴伸长度和中心高。

② 联轴器的型号、两端轴孔直径、孔宽及有关装配要求的尺寸。

③ 两轴的中心距、齿轮的分度圆直径、齿顶圆直径、齿宽等。

④ 滚动轴承的类型。

⑤ 确定减速器箱体结构有关尺寸和润滑方式。

画装配图时，应选好比例尺，布置好图面位置。因设计过程比较复杂，常常需要边绘图、边计算、边修改。因此，为保证质量，应先绘制草图。画草图的比例尺应与正式图的比例尺相同，为了便于绘图及加强设计的真实感，应尽量优先选用 1∶1 的比例尺。根据传动件的尺寸大小，参考类似结构估计出减速器的轮廓尺寸，并考虑标题栏、明细表、零件号、技术要求等的位置，做好图面合理布置。一般要用三个视图才能将结构表达完整，按图 5-1 合理布置图面。装配草图开始时一般先画主视图和俯视图。

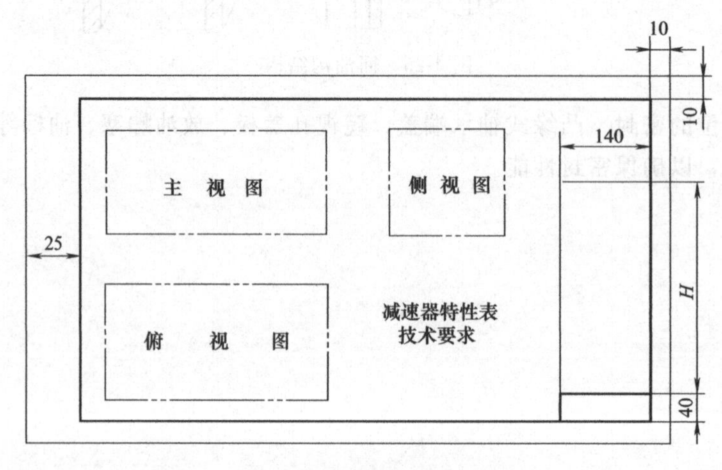

图 5-1 装配图图面布置

5.2　装配草图设计的第一阶段

这一阶段的任务是通过绘图来拟定减速器的主要结构，进行轴的结构设计，确定轴承的型号和位置，找出轴系上所受各力的作用点，从而对轴、轴承及键等零件进行校核。

画装配图时由箱内零件画起，逐步向外画；以确定轮廓为主，对细部结构可先不画；以一个视图为主，兼顾几个视图。

(1) 确定各传动件轮廓及其相对位置，首先画箱内传动件的中心线、齿顶圆、节圆、轮缘及轮毂宽等轮廓线。

(2) 箱体内壁位置的确定，先画出齿轮的轮廓，小齿轮的齿宽应略大于大齿轮 5～10mm，以免安装误差影响轮齿接触宽度。

箱体内壁与齿轮端面（轮毂端面）及齿轮顶圆之间应留有一定的间距 Δ_2 及 Δ_1，以免铸造箱体时的误差造成间隙过小甚至箱体与齿轮相碰。由表 4-1 查出 Δ_2、Δ_1 值。画出图 5-2。

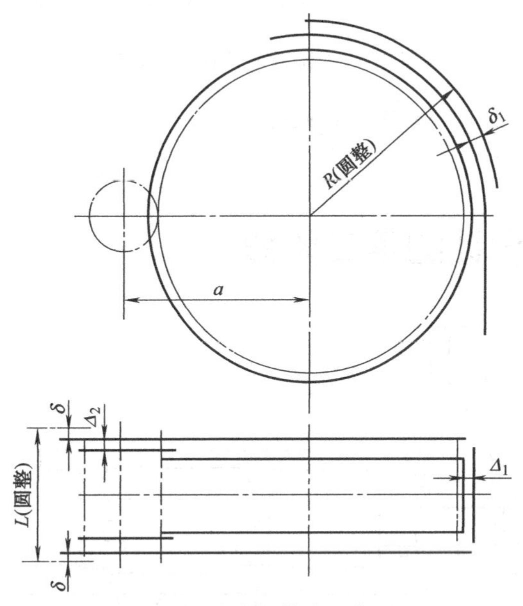

图 5-2　确定箱体内壁位置

(3) 由轴的结构设计及初选的轴承型号，按图 4-17 和图 4-20 确定轴承到箱体内壁的距离，从而确定轴的支点和轴上齿轮力作用点间的距离（图 5-4 中的 A、B、C 和 A'、B'、C'）。按图 5-3 确定箱体内壁至轴承座端面的距离（即轴承座宽度）画出图 5-4。

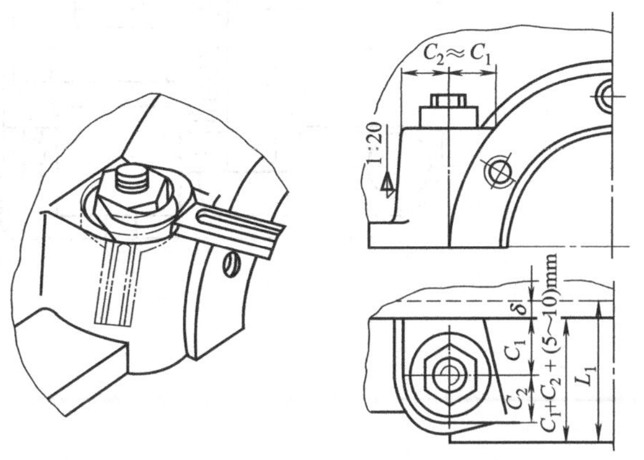

图 5-3　轴承座端面位置的确定

(4) 力作用点及支点跨距确定后，便可求出轴所受的弯矩和扭矩，对轴和键进行强度校核，对轴承进行寿命验算。

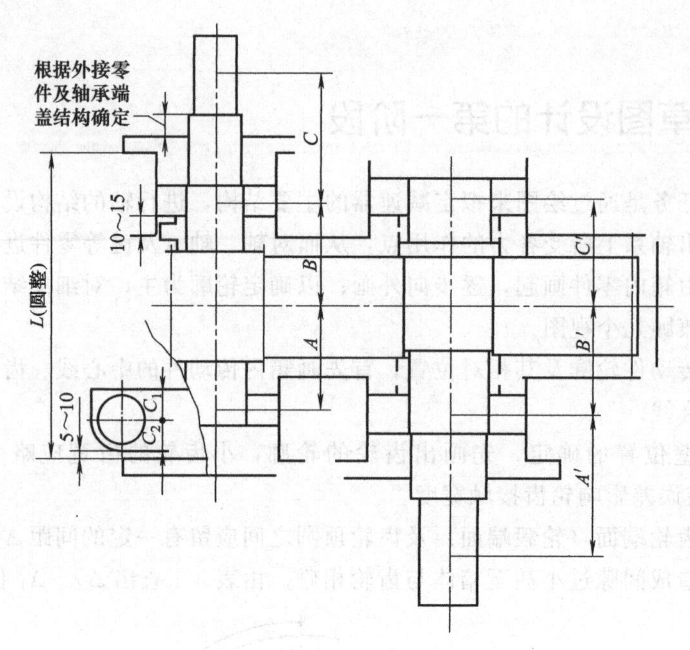

图 5-4 装配草图设计第一阶段

根据计算结果，必要时应对装配草图进行修改。

5.3 装配草图设计的第二阶段

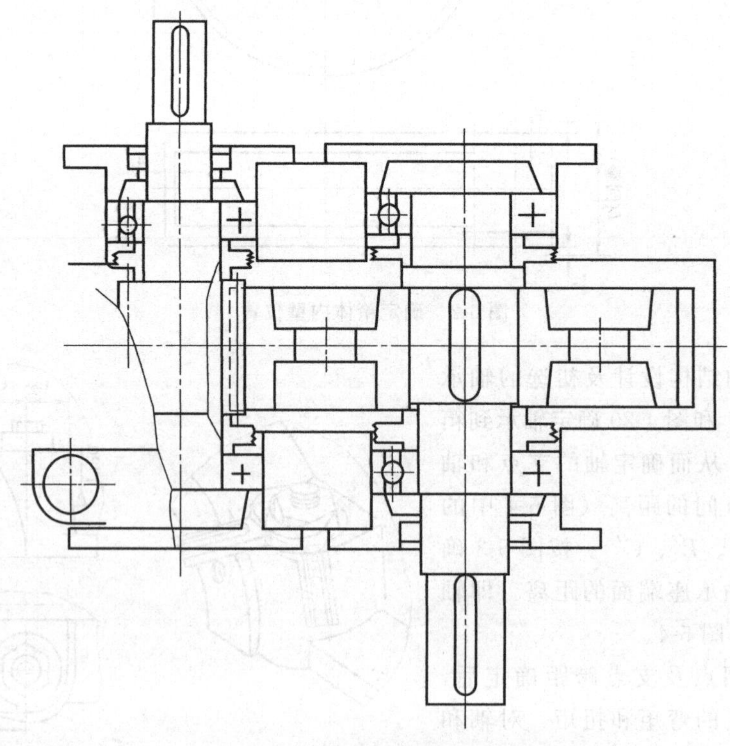

图 5-5 装配草图设计第二阶段

这一阶段的主要任务是设计齿轮、轴上其他零件及与轴承支点有关零件的具体结构。

（1）齿轮的结构设计（见相关教材）。

（2）轴承盖结构设计（见 4.2）。

（3）轴承的润滑方式与密封（见 4.3）。

在上述结构确定的基础上作出图 5-5。

5.4　装配草图设计的第三阶段

这一阶段的主要内容是设计减速器的箱体及其附件的结构。它的画图次序是先画箱体，后画附件。在设计箱体时，应在三个视图上同时进行。

5.4.1　减速器箱体的结构设计

减速器箱体是支承和固定轴系零件，保证传动件的啮合精度、良好润滑及密封的重要零件，且箱体重量占减速器总重量的 30%～50%。因此，箱体结构对减速器的工作性能、加工工艺及成本等有很大的影响，设计时必须全面考虑。在设计减速器箱体结构时应考虑以下几方面的问题。

（1）箱体要具有足够的刚度　箱体在加工和使用过程中，因受复杂的变载荷而引起相应的变形，若箱体的刚度不够，会引起轴承座孔中心线偏斜，从而影响传动件的运转精度。因此在设计箱体时首先应保证轴承座孔的刚度，使轴承座有足够的壁厚，并在轴承座上加支承肋（参见图 4-1）。

为了提高轴承座处的连接刚度，座孔两侧的连接螺栓应尽量靠近（以不与端盖螺钉孔干涉为原则），为此，轴承座孔附近应做出凸台，凸台的高度要保证安装时有足够的扳手空间，见图 5-3。

（2）箱体要有良好的加工工艺性　在保证零件精度、位置精度及表面粗糙度的前提下，应尽量减少机械加工面。箱体上加工表面与非加工表面要有一定的距离，以保证加工精度和装配精度。同时，采用凸出还是凹入结构应视加工方法而定。轴承座孔端面、窥视孔、通气器、吊环螺钉、油塞等处一般均采用 3～8mm 的凸台。支承螺栓头部或螺母的支承面，多采用凹入结构，即沉头座。锪平沉头座时，深度不限，锪平为止，在图上可画出 2～3mm 刨平深度。

5.4.2　减速器附件的结构设计

为了检查齿轮的啮合情况、注油、排油、指示油面、通气及拆装吊运等，减速器常设置各种附件，参见 4.2。

箱体及其附件的设计完成后，减速器的装配草图基本完成。图 5-6 所示为一级圆柱齿轮减速器装配草图完成后的情况。

在正式画装配图之前，要对草图进行检查，检查的主要内容如下：

（1）总体布置　装配草图与传动装置方案是否一致。轴伸端的方位和结构尺寸是否符合设计要求，箱外零件是否符合传动方案的要求。

（2）计算　齿轮、轴、轴承等主要零件是否满足强度、刚度和寿命等要求，计算所得到

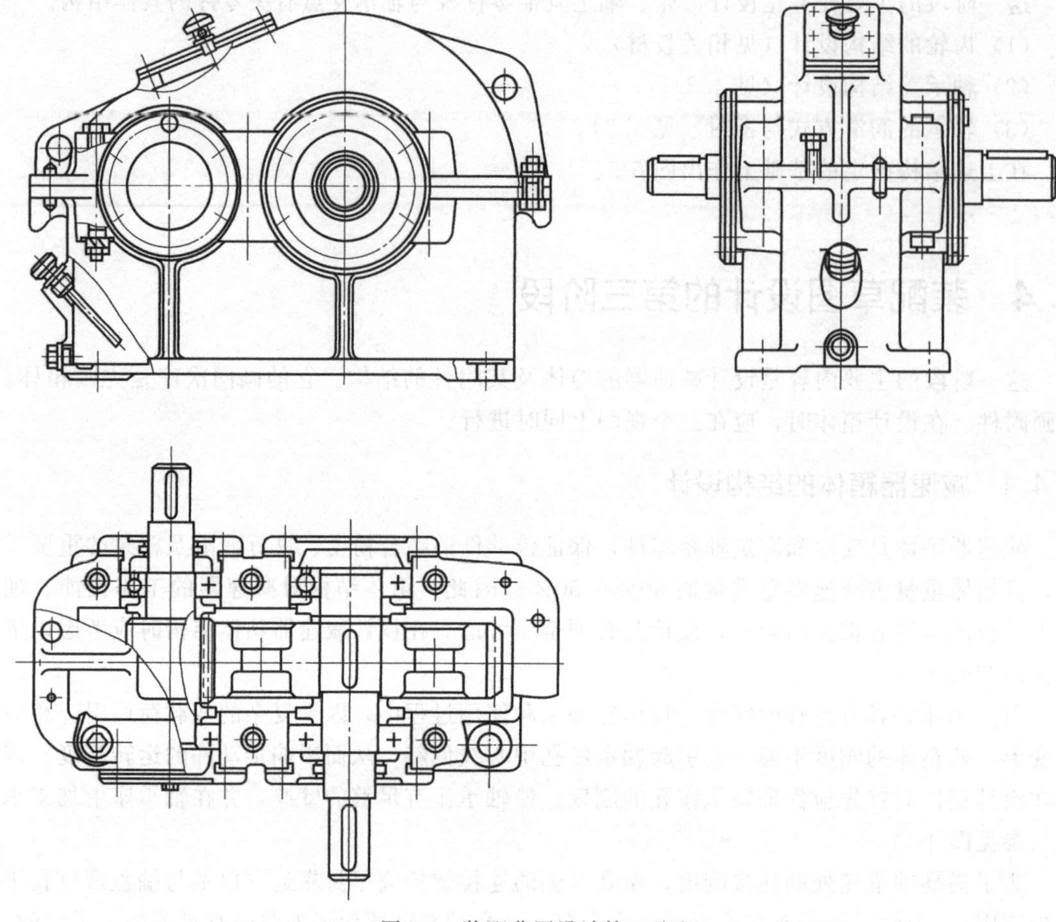

图 5-6 装配草图设计第三阶段

的主要结果（如齿轮中心距、齿轮与轴的尺寸、轴承型号与跨距等）是否与草图一致。

(3) 轴系结构 齿轮、轴、轴承和轴上其他零件的结构是否合理，定位、固定、调整、装拆、润滑和密封是否合理。

(4) 箱体和附件结构 箱体的结构和加工工艺性是否合理，附件的布置是否恰当，结构是否正确。

(5) 绘图规范 图样幅面、比例尺是否合适，视图选择是否恰当，投影是否正确，是否符合机械制图国家标准的规定。

5.5 完成装配工作图

装配工作图内容包括：减速器结构的视图、必要的尺寸及配合、技术要求及技术特性表、零件编号、明细栏和标题栏等。

装配工作图上某些结构可以采用简化画法。如螺栓、螺母、滚动轴承等可以按机械制图国家标准的规定绘制；对相同类型、尺寸、规格的螺栓连接，可只画一个，其余的用中心线表示。

装配工作图完成后先不要加深，因设计零件工作图时，还可能要修改装配工作图中的某些局部结构或尺寸。

这一阶段应完成的主要内容如下。

5.5.1 标注尺寸

装配图上应标注的尺寸有以下几种。

(1) 特性尺寸　传动零件中心距及偏差。

(2) 主要零件的配合尺寸　轴与传动件、轴承、联轴器的配合尺寸，轴承与轴承座孔的配合尺寸等。标注这些尺寸的同时应标出配合与精度等级。恰当的配合与精度，与提高减速器的工作性能、改善加工工艺性及降低成本等有密切的联系。

(3) 安装尺寸　箱体底面尺寸（包括底座的长、宽、厚），地脚螺栓孔中心的定位尺寸，地脚螺栓孔之间的中心距及孔的直径和个数，减速器中心高，外伸轴端的配合长度和直径等。

(4) 最大外形尺寸　减速器总的长、宽、高。

标注尺寸时，应使尺寸的布置整齐清晰，多数尺寸应尽量布置在反映主要结构的视图上，并尽量布置在视图的外面。

表5-1给出了减速器主要零件的推荐用配合，设计时根据具体情况进行选用。

表5-1 减速器主要零件的推荐用配合

配合零件	推荐用配合	装拆方法
大中型减速器的低速级齿轮(蜗轮)与轴的配合,轮缘与轮芯的配合	$\frac{H7}{r6}$,$\frac{H7}{s6}$	用压力机或温差法(中等压力的配合,小过盈配合)
一般齿轮、蜗轮、带轮、联轴器与轴的配合	$\frac{H7}{r6}$	用压力机(中等压力的配合)
要求对中性良好及很少装拆的齿轮、蜗轮、联轴器与轴的配合	$\frac{H7}{n6}$	用压力机(较紧的过渡配合)
小锥齿轮及较常装拆的齿轮、联轴器与轴的配合	$\frac{H7}{m6}$,$\frac{H7}{k6}$	手锤打入(过渡配合)
滚动轴承内孔与轴的配合(内圈旋转)	j6(轻负荷),k6、m6(中等负荷)	用压力机(实际为过盈配合)
滚动轴承外圈与箱体孔的配合(外圈不转)	H7,H6(精度要求高时)	木槌或徒手装拆
轴承套杯与箱体孔的配合	$\frac{H7}{js6}$,$\frac{H7}{h6}$	木槌或徒手装拆

5.5.2 技术特性

在装配图的适当位置写出减速器的技术特性。

表5-2为一级斜齿圆柱齿轮减速器的技术特性具体内容及格式。

表5-2 技术特性

输入功率/kW	输入转速/(r/min)	效率%	总传动比 i	传动特性				
				m_n	z_1	z_2	β	精度等级

5.5.3 技术要求

装配工作图上要用文字说明一些在视图上无法表示的有关装配、调整、检验、润滑、维护等方面的内容。正确制订技术要求有助于保证减速器的工作性能。技术要求通常包括以下几个方面的内容：

(1) 对零件的要求　装配前所有合格的零件要用煤油或汽油清洗，箱体内不许有任何杂物存在，箱体内壁应涂上防侵蚀的涂料。

(2) 对润滑剂的要求　润滑剂对减少传动件和轴承的摩擦、磨损以及对减速器的散热、冷却起着重要作用，在技术要求中应写明传动件及轴承所用润滑剂的牌号、用量及更换时间。

选择传动件所要求的润滑剂时，应考虑传动特点、载荷性质、大小及运转速度。如重型齿轮传动可选用黏性高、油性好的齿轮油。对轻载、高速、间歇工作的传动件可选黏度低的润滑油。对开式齿轮传动可选耐蚀、抗氧化及减摩性好的开式齿轮油。

(3) 对安装调整的要求　对于固定间隙的深沟球轴承，一般留轴向间隙 $\Delta=0.25\sim0.4\mathrm{mm}$；跨度尺寸越大，该间隙取值应越大。

(4) 对齿轮传动侧隙和接触斑点的要求　传动侧隙和接触斑点的要求是根据传动件的精度等级确定的，查出后标注在技术要求中，供装配时检查用。

检查侧隙的方法可用塞尺测量，或将铅丝放进传动件啮合的间隙中，然后测量铅丝变形后的厚度即可。

检查接触斑点的方法是在主动件齿面上涂色，将其转动，观察从动件齿面的着色情况，由此分析接触区的位置及接触面积的大小。

(5) 对密封的要求　在箱体剖分面，各接触面及密封处均不允许漏油。剖分面上允许涂密封胶或水玻璃，但不允许使用任何垫片或填料。轴伸处密封应涂上润滑脂。

(6) 对试验的要求　减速器装配好后，应做空载试验，正反转各 1h，要求运转平稳、噪声小、连接固定处不得松动。做负载试验时，油池温升不得超过 35℃，轴承温升不得超过 40℃。

(7) 对外观、包装和运输的要求　箱体表面应涂漆，外伸轴及零件需涂油并包装严密，运输和装卸时不可倒置。

5.5.4 零件编号

零件编号要完全，但不能重复。图上相同零件只能有一个零件编号，对于标准件，可统一编号，也可分开单独编号。编号引线不应相交，并尽量不与剖面线平行。独立组件（如滚动轴承、通气器）可作为一个零件编号。对装配关系清楚的零件组（螺栓、螺母及垫圈）可利用公共引线，如图 5-7 所示。编号应按顺时针或逆时针方向顺次排列，编号的数字高度应比图中标注尺寸的数字高度大一号。

5.5.5 明细表和标题栏

减速器的所有零件均应列入明细表中，并应注明每个零件的材料和件数。对于标准件，则应注明名称、件数、材料、规格及标准代号。

课程设计装配图用的明细表、标题栏格式见图 5-8、图 5-9。

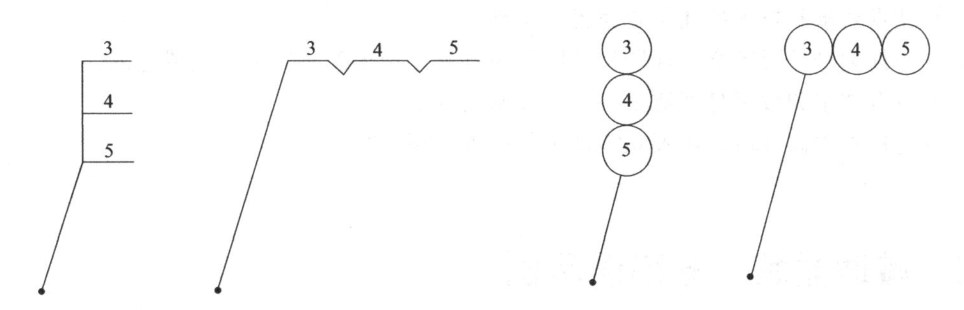

图 5-7　公共引线

5	螺栓	6	Q235	GB/T 5780—2000 M24×30	
4	轴	1	45		
3	大齿轮m=5,z=79	1	45		
2	箱盖	1	HT 200		
1	箱座	1	HT 200		
序号	名称	数量	材料	标准	备注
10	40	10	20	40	20

140；各行高 7，表头行高 10

图 5-8　装配图明细表

<table>
<tr><td colspan="2" rowspan="3">(装配图名称)</td><td rowspan="2">图号</td><td colspan="3" rowspan="2"></td><td>第　张</td></tr>
<tr><td>共　张</td></tr>
<tr><td>比例</td><td></td><td>数量</td><td colspan="2"></td></tr>
<tr><td>设计</td><td></td><td colspan="2" rowspan="4">机械零件课程设计</td><td colspan="3" rowspan="4">(校名、班号)</td></tr>
<tr><td>审阅</td><td></td></tr>
<tr><td>成绩</td><td></td></tr>
<tr><td>日期</td><td></td></tr>
<tr><td>15</td><td>25</td><td colspan="2">50</td><td colspan="3">50</td></tr>
</table>

20；30；140；各行高 7

图 5-9　装配图标题栏

5.5.6　检查装配工作图

完成装配工作图后，应对图样的设计质量再进行一次检查，其主要内容包括：

（1）视图的数量是否足够，是否能清楚地表达减速器的结构和装配关系。

（2）各零件的结构是否合理，加工、调整、维修、润滑是否可能和方便。

（3）尺寸标注是否正确、齐全，配合和精度的选择是否适当，重要零件的位置及尺寸（如齿轮、轴、支点距离等）是否符合设计计算要求，是否与零件工作图一致，相关零件的尺寸是否协调。

(4) 技术要求和技术特性是否完善、正确。

(5) 零件编号是否齐全，标题栏及明细表各项是否正确，有无多余或遗漏。

(6) 所有文字和数字是否清晰，是否按制图规定写出。

图样经检查并修改后，待画完零件工作图再加深描粗。

5.6 减速器装配图错误示例

减速器装配底图常见错误示例如图 5-10 所示。

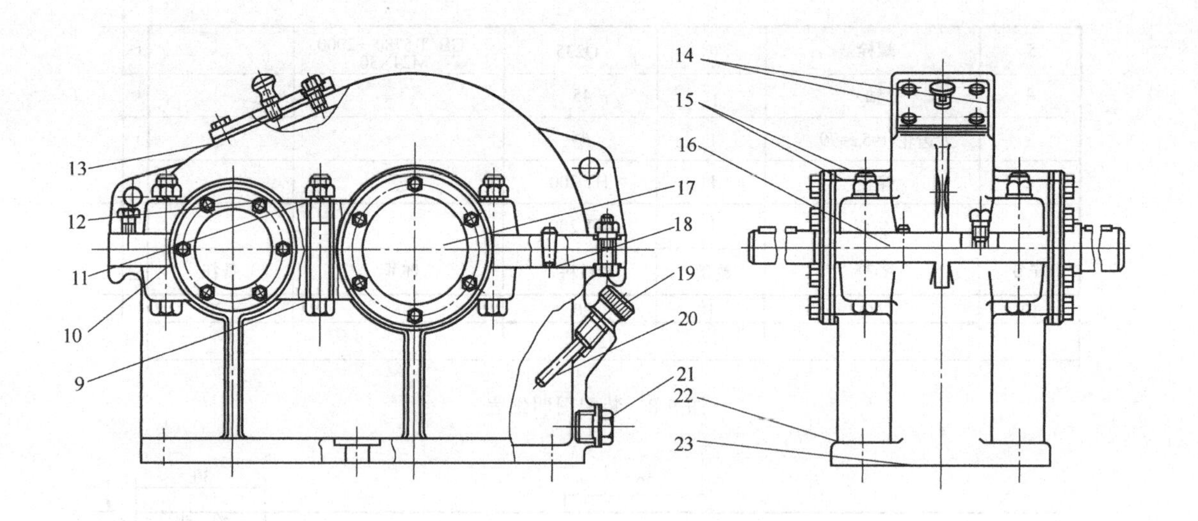

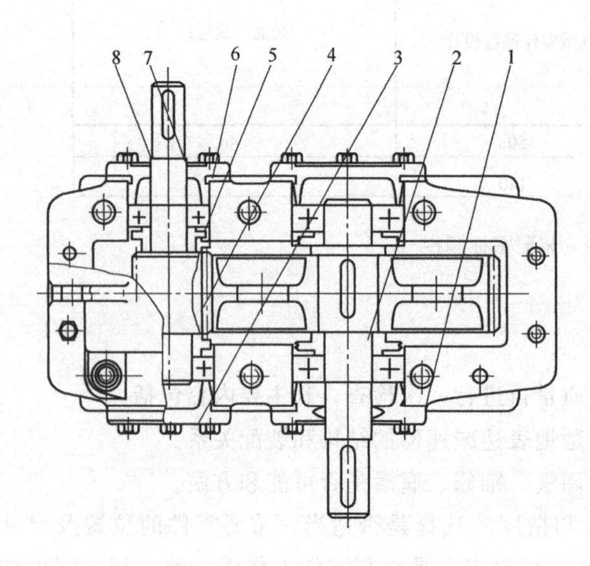

图 5-10 减速器装配底图错误示例

常见错误摘列：

（1）轴承盖与箱体间缺少调整垫片。

（2）轴肩未缩进齿轮轮毂，挡油环不能压紧齿轮。

（3）轴承盖外端面加工面积过大。

（4）齿轮啮合处画法不符合规定。

（5）挡油环安装位置不合适，且与座孔间应有间隙。

（6）轴承盖与箱体座孔配合段过长，应将轴承盖端部外圆车小一圈。

（7）轴承盖与轴间应有间隙，且有密封。

（8）轴肩与轴承盖相距太近，致使箱外旋转零件的装拆和运动受限。

（9）螺钉头与凸台接触处没有沉孔。

（10）轴承盖固定螺钉不应在箱体接合面上。

（11）弹簧垫圈与凸台接触处没有沉孔。

（12）弹簧垫圈开口斜向画错。

（13）箱盖与检查孔盖板接触处没有凸起加工面。

（14）箱体外壁宽度误画成箱体内壁的宽度。

（15）没有铸造斜度。

（16）箱体接合面缺少实线。

（17）漏画轴端投影圆。

（18）销钉未露头，难于拆卸。

（19）油标尺无法装拆，插座孔也无法加工。

（20）油标尺过短，无法测量最低油面。

（21）油塞位置过高，油污排放不尽。

（22）箱座底缘宽度太小，不能满足地脚螺栓扳手空间的要求。

（23）箱体底面加工面积过大。

5.7　减速器装配图示例

图 5-11 为单级圆柱齿轮减速器（脂润滑结构）装配图，齿轮传动用油润滑，滚动轴承用脂润滑。为避免油池中的稀油溅入轴承座，在齿轮与轴承之间放置挡油环。输入轴和输出轴处用毡圈密封。

图 5-12 为单级圆柱齿轮减速器（油润滑结构）装配图，轴承润滑靠飞溅到箱盖上的油，经箱座油沟、轴承盖豁口流至轴承处。因齿轮转速较高，为防止齿轮啮合过程中挤出的润滑油大量进入轴承，在小齿轮与轴承之间安装挡油盘。输入轴和输出轴处用毡圈密封，在毡圈外装有压紧盖（密封盖），以延长密封圈使用寿命并便于更换。

图 5-13 为单级圆柱齿轮减速器（嵌入式轴承端盖结构）装配图，采用嵌入式轴承盖，O 形圈密封，结构简单，轴向尺寸小。用垫片调整轴承间隙时，需拆卸轴承和箱盖，使用不便，只用于不可调轴承。当用于可调轴承时，应有调整机构。

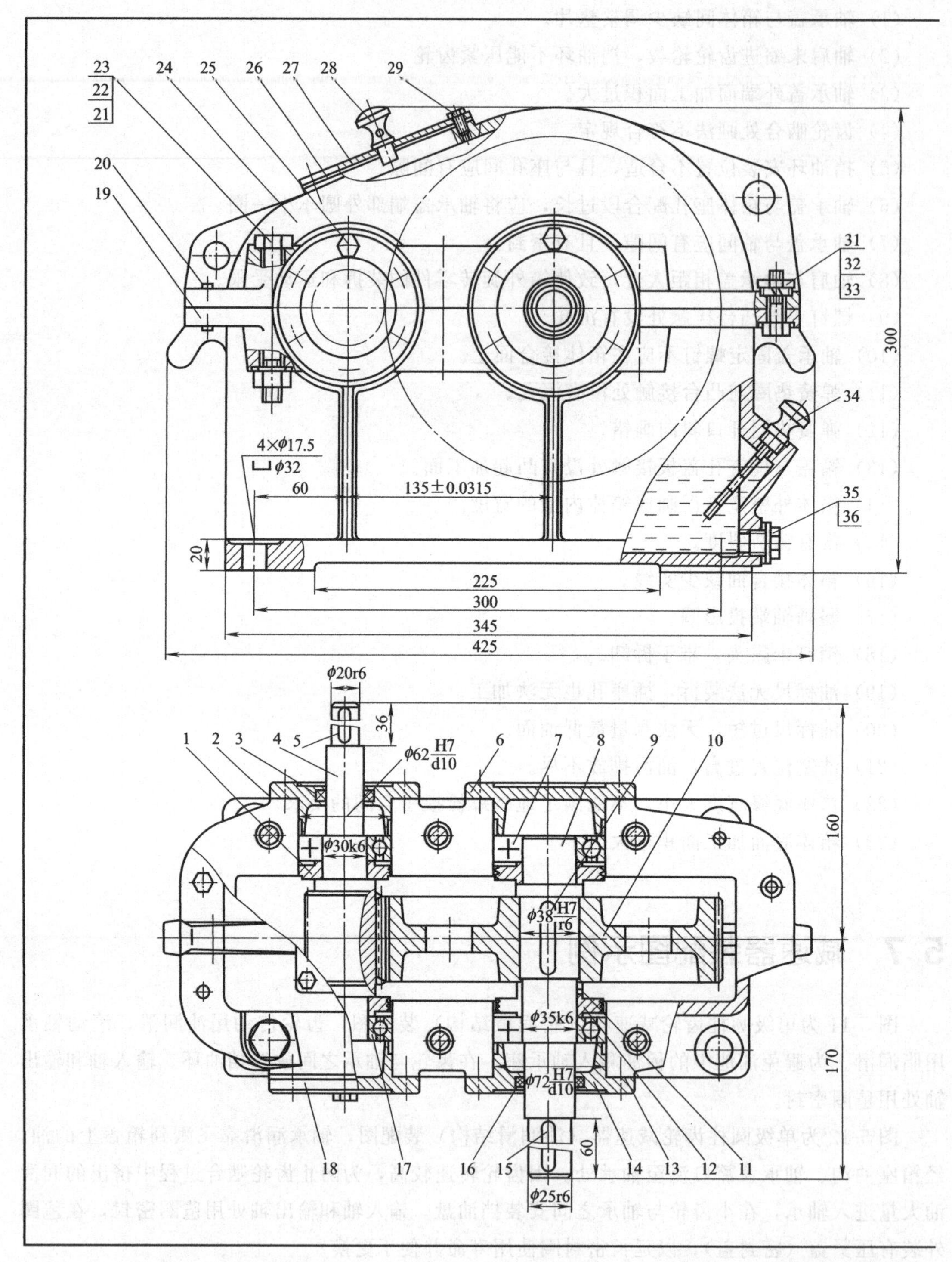

图 5-11 单级圆柱齿轮减速

拆去视孔盖组件

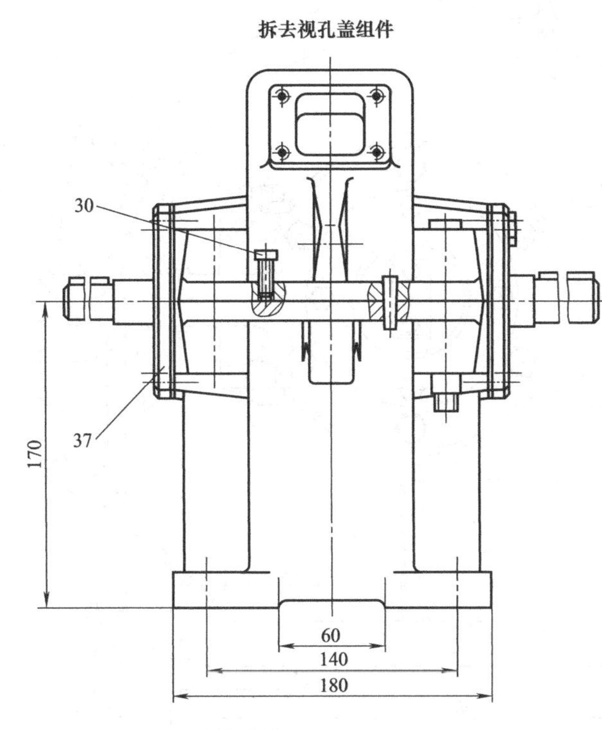

技术特性

功率	高速轴转速	传动比
3.9kW	572r/min	4.63

技术要求

1.装配前，应将所有零件清洗干净，机体内壁涂防锈油漆。

2.装配后，应检查齿轮齿侧间隙j_{bnmin}=0.25mm。

3.检验齿面接触斑点，按齿高方向，较宽的接触区h_{c1}不小于50%，较窄的接触区h_{c2}不小于30%；按齿长方向，较宽、较窄的接触区b_{c1}的b_{c2}不小于50%。必要时可通过研磨或刮后研磨改善接触情况。

4.固定调整轴承时，应留轴向间隙0.2～0.3mm。

5.减速器的机体、密封处及剖分面不得漏油。剖分面可以涂密封漆或水玻璃，但不得使用垫片。

6.机座内装L-AN68润滑油至规定高度，轴承用ZN-3钠基脂润滑。

7.机体表面涂灰色油漆。

37	轴承端盖	1	HT200	
36	螺塞M18×1.5	1	Q235	JB/ZQ 4450—2006
35	垫圈	1	石棉橡胶板	
34	油标尺M12	1	Q235	
33	垫圈10	2	65Mn	GB/T 93—1987
32	螺母M10	2		GB/T 6170—2000(8级)
31	螺栓M10×35	2		GB/T 5782—2000(8.8级)
30	螺栓M10×35	1		GB/T 5782—2000(8.8级)
29	螺栓M5×16	4		GB/T 5782—2000(8.8级)
28	通气器	1	Q235	
27	视孔盖	1	Q235	
26	垫片	1	石棉橡胶纸	
25	螺栓M8×25	24		GB/T 5782—2000(8.8级)
24	机盖	1	HT200	
23	螺栓M12×100	6		GB/T 5782—2000(8.8级)
22	螺母M12	6		GB/T 6170—2000(8级)
21	垫圈12	6	65Mn	GB/T 93—1987
20	销6×30	2	35	GB/T 117—2000
19	机座	1	HT200	
18	轴承端盖	1	HT200	
17	轴承6206	2		GB/T 276—2013
16	油封毡圈30	1	半粗羊毛毡	FZ/T 92010—1991
15	键8×56	1	45	GB/T 1096—2003
14	轴承端盖	1	HT200	
13	调整垫片	2组	08F	成组
12	挡油环	2	Q235	
11	套筒	1	Q235	
10	大齿轮	1	45	m=2, z=111
9	键10×45	1	45	GB/T 1096—2003
8	轴	1	45	
7	轴承6207	2		GB/T 276—2013
6	轴承端盖	1	HT200	
5	键6×28	1	45	GB/T 1096—2003
4	齿轮轴	1	45	m=2, z=24
3	油封毡圈25	1	半粗羊毛毡	FZ/T 92010—1991
2	调整垫片	2组	08F	成组
1	挡油环	2	Q235	
序号	名称	数量	材料	备注

(标题栏)

器（脂润滑结构）装配图

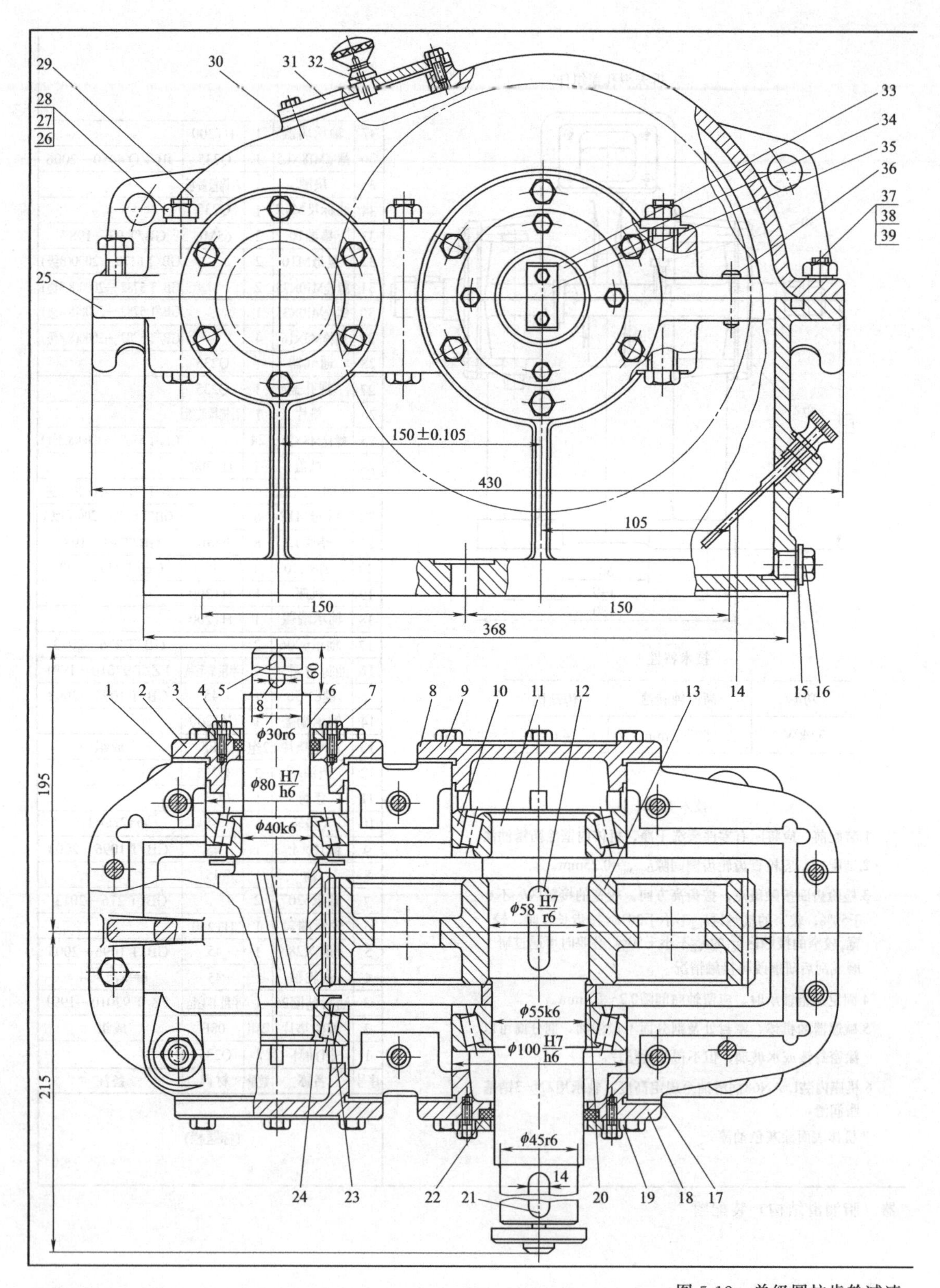

图 5-12 单级圆柱齿轮减速

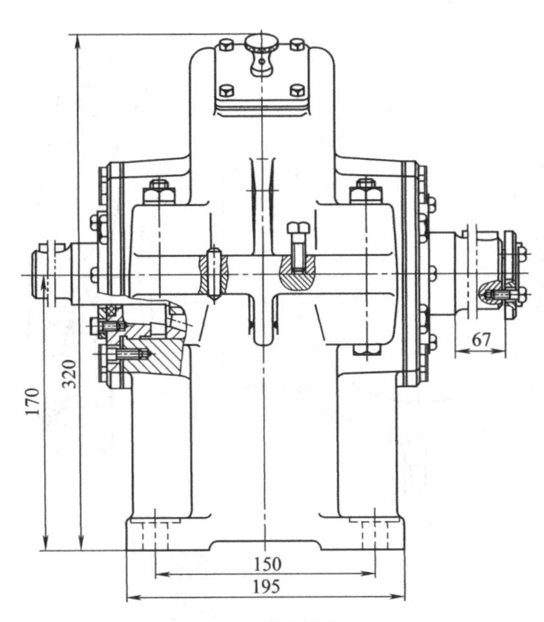

技术特性

输入功率 /kW	输入转速 /(r/min)	效率 η	传动比 i
5	327	0.97	3.95

技术要求

1.装配之前，所有零件用煤油清洗，滚动轴承用汽油清洗。机体内不允许有任何杂物存在。内壁涂上不被机油侵蚀的涂料两次。

2.啮合侧隙Cn之大小用铅丝来检验，保证侧隙不小于0.14mm,所用铅丝不得大于最小侧隙4倍。

3.用涂色法检验轮齿接触斑点，按齿高接触斑点不少于45%，按齿长接触斑点不少于60%。必要时可用研磨或刮后研磨改善接触情况。

4.调整、固定轴承时应留下轴向间隙；ϕ40mm为0.05～0.1mm，ϕ55mm为0.08～0.15mm。

5.检查减速器剖分面、各接触及密封处不均不漏油。部分面允许涂以密封油或水玻璃，不允许使用任何填料。

6.机座内装全损耗系统用油L-AN45油至规定高。

7.表面涂灰色油漆。

序号	名称	数量	材料	备注
39	弹簧垫圈	2	65Mn	
38	螺母	2	Q235A	M10 GB/T 6170—2000
37	螺栓	3	Q235A	M10×35 GB/T 5780—2000
36	销	2	35	8×30 GB/T 117—2000
35	防松挡板	1	35	
34	轴端盖圈	1	Q235A	
33	螺栓	2	Q235A	M6×20 GB/T 5780 —2000
32	通气器	1	Q235A	
31	检查孔	1	35	
30	垫片	1	石棉橡胶纸	
29	机盖	1	HT200	
28	弹簧垫圈	6	65Mn	
27	螺母	6	Q235A	M12 GB/T 6170—2000
26	螺栓	6	Q235A	M12×100 GB/T 5780—2000
25	机座	1	HT200	
24	轴承	2	(30208)	GB/T 297—2015
23	挡油盘	2	Q215	
22	毡圈油封	1	半粗羊毛毡	
21	键	1	Q275	14×56 GB/T 1096—2003
20	套筒	1	A3	
19	密封盖	1	A3	
18	可穿通端盖	1	HT150	
17	调整垫片	2	08F	成组
16	螺塞M20×1.5	1	Q235A	
15	垫片	1	石棉橡胶纸	
14	油标尺	1		组合件
13	大齿轮	1	40	
12	键	1	Q275A	16×50 GB/T 1096—2003
11	轴	1	45	
10	轴承	2	(30211)	GB/T 297—2015
9	螺栓	24	Q235A	M8×25 GB/T 5780—2000
8	端盖	1	HT200	
7	毡圈油封	1	半粗羊毛毡	
6	齿轮轴	1	45	
5	键	1	Q275A	8×50 GB/T 1096—2003
4	螺栓	12	Q235A	M6×15 GB/T 5780—2000
3	密封盖	1	Q235A	
2	可穿通端盖	1	HT200	
1	调整垫片	2	08F	成组

单级圆柱齿轮减速器	图号		第　张
			共　张
	比例	数量	
设计		机械零件课程设计	(校名、班号)
审核			

器（油润滑结构）装配图

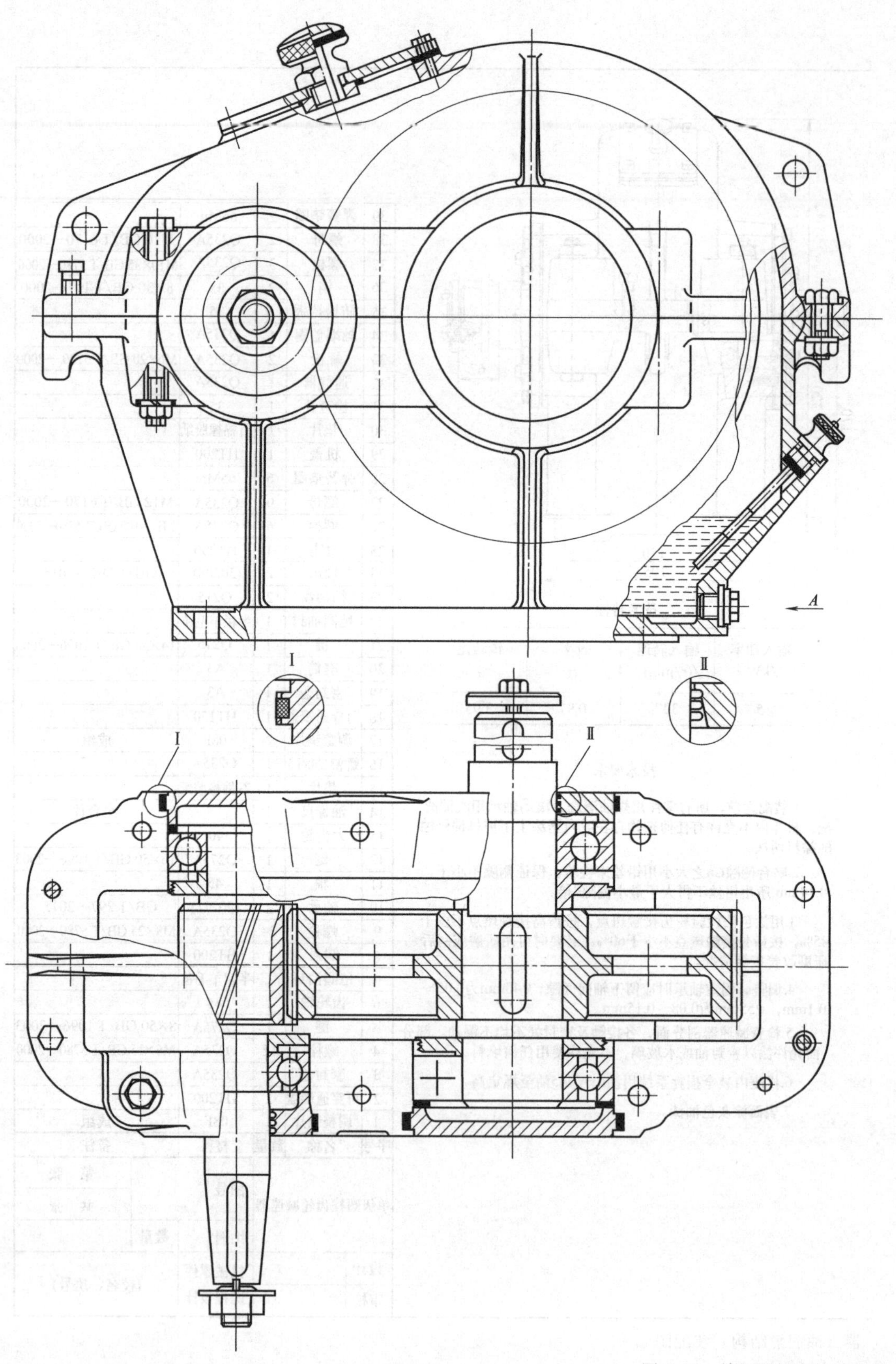

图 5-13 单级圆柱齿轮减速器

轴承部件结构方案

（嵌入式轴承端盖结构）装配图

第6章

减速器零件工作图的设计

装配图只是确定了减速器中各个部件或零件之间的相对位置关系、配合要求和总体尺寸，至于每个零件的结构形状和尺寸只得到部分反映，因而装配图不能直接作为加工零件的依据。一般的设计过程是先把装配图设计出来，在满足装配要求的前提下，根据各个零件的功能，在装配图的基础上拆绘和设计出各个零件的工作图。

6.1 零件工作图的要求

零件工作图是零件制造、检验和制订工艺规程的主要技术文件，在绘制时要同时兼顾零件的设计要求及零件制造的可能性和合理性。因此零件的工作图应完整、清楚地表达零件的结构尺寸及其尺寸公差、形位公差、表面粗糙度、对材料及热处理的说明及其技术要求、标题栏等。

在课程设计中，绘制零件工作图的目的主要是锻炼学生的设计能力及掌握零件工作图的内容、要求和绘制方法。一般情况下，因时间限制，根据课程设计的教学要求，一般绘制轴和齿轮两个典型零件工作图。

6.1.1 正确选择视图

零件视图应选择能清楚而正确地表达出零件各部分的结构形状和尺寸的视图，视图及剖视图的数量应为最少。在可能条件下，除较大或较小的零件外，通常尽可能采用1：1的比例绘制零件图，以直观地反映出零件的真实大小。对于细部结构，如有必要可放大绘制局部剖视图。

6.1.2 合理标注尺寸

在标注尺寸前，应分析零件的制造工艺过程，从而正确选定尺寸基准。尺寸基准尽可能与设计基准、工艺基准和检验基准一致，以利于对零件的加工和检验。标注尺寸时，要做到尺寸齐全，不遗漏，不重复，也不能封闭。标注要合理、明了。在装配图上未绘出的零件的细小部分结构，如零件的圆角、倒角、退刀槽及铸件壁厚的过渡部分等结构，在零件图上要完整、正确地绘制出来并标注尺寸。

6.1.3 标注公差及表面粗糙度

对于配合尺寸或精度要求较高的尺寸，应标注出尺寸的极限偏差，作为零件加工是否达到要求并成为合格品的依据。同时根据不同要求，标注零件的表面形状公差和位置公差。自由尺寸的公差一般可不标。

零件的所有加工表面，均应注明表面粗糙度的数值。遇有较多的表面采用相同的表面粗糙度数值时，为了简便起见，可集中标注在标题栏附近。

6.1.4　技术要求

凡是用图样或符号不便于表示，而在制造时必须保证的条件和要求，都应以“技术要求”加以注明。它的内容比较广泛多样，需视零件的要求而定。

6.1.5　标题栏

应按机械制图的标准在图纸的右下角画出标题栏，并将零件名称、材料、零件号、比例和数量等，准确无误地填写在标题栏中。

6.2　轴类零件工作图的设计

6.2.1　选择视图

一般轴类零件只需要一个主视图即可基本表达清楚，在有键槽和孔的地方，可增加必要的局部断面图或剖视图来表达。对于螺纹退刀槽、砂轮越程槽等细小结构，必要时应绘制局部放大图来表示，以便确切地表达出形状并标注尺寸。

6.2.2　标注尺寸及尺寸公差

轴类零件的尺寸主要是各轴段的直径和长度。标注直径尺寸时，应特别注意有配合关系的部位。各段直径有几处相同时，应逐一标注，不得省略。即使是圆角、倒角也应标注，或者在技术要求中说明。

(1) 长度尺寸的标注　应根据设计及工艺要求确定基准面，合理标注，不允许出现封闭尺寸链。长度尺寸精度要求较高的轴段应直接标注，取加工误差不影响装配要求的轴段作为开口环，其长度不标注。如图 6-1 所示，其主要基准面选择轴肩Ⅰ—Ⅰ处，它是轴上大齿轮的轴向定位面，同时也影响其他零件在轴上的装配位置。只要正确地定出轴肩Ⅰ—Ⅰ的位

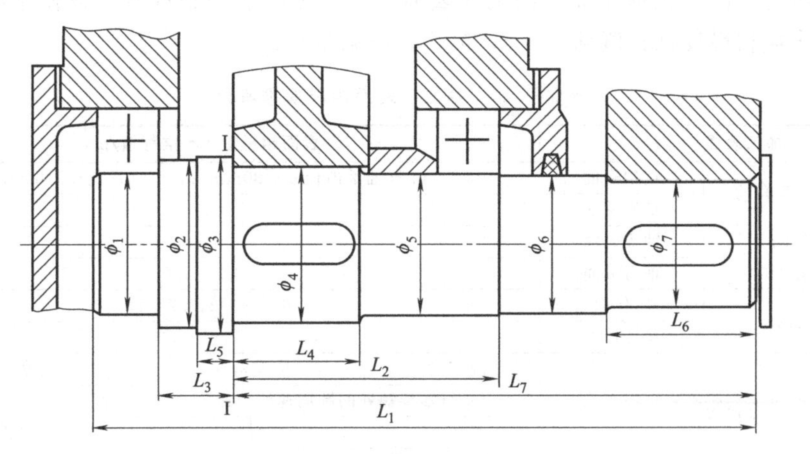

图 6-1　轴的尺寸标注

置，各零件在轴上的位置就能得到保证。

键槽尺寸除按规定标注外，还应标注键槽的定位尺寸。

（2）尺寸公差的标注　对于普通减速器中的轴，在零件图中对其轴向尺寸一般按自由公差处理，不必标注尺寸公差。

对于在装配图中有配合要求的轴段，如与滚动轴承内圈相配合的轴颈、安装传动零件的轴头等轴段的直径，应根据装配图选定的配合，经查表确定其尺寸的极限偏差，然后在零件图中标注径向尺寸及极限偏差。

标注键槽尺寸时，沿轴向应标注键槽长度尺寸和轴向定位尺寸，键槽宽度和深度应标注相应的尺寸偏差。具体标注方法可参考相关手册。

6.2.3 标注形位公差

轴的重要表面应标注形状与位置公差，以保证轴的加工精度。普通减速器中，轴类零件推荐标注项目参考表 6-1 选取，标注方法见图 6-2。

表 6-1　轴类零件形位公差推荐标注项目

类别	标注项目	符号	推荐用精度等级	对工作性能的影响
形状公差	与传动零件相配合的直径的圆柱度	⌭	7～8	影响传动零件与轴配合的松紧及对中性
	与滚动轴承相配合的直径的圆柱度			影响轴承与轴配合的松紧及对中性
位置公差	与滚动轴承配合的轴径表面对轴中心线的径向圆跳动	↗	6	影响传动零件及轴承的运转偏心
	轴承定位端面对轴中心线的端面圆跳动		6～8	影响轴承的定位，造成轴承套圈歪斜；改变滚道的几何形状，恶化轴承的工作条件
	与传动零件配合表面对轴中心线的径向圆跳动		6～8	影响传动零件的运转（偏心）
	传动零件的定位端面对轴中心线的端面圆跳动		6～8	影响齿轮等传动零件的定位及其受载均匀性
	键槽侧面对轴中心线的对称度（要求不高时可不注）	⌯	7～9	影响键受载均匀性及装拆的难易

6.2.4 标注表面粗糙度

零件的所有表面（包括非加工的毛坯表面）均应注明表面粗糙度，以便于制订加工工艺。轴加工表面粗糙度推荐值见表 6-2，标注方法见图 6-2。

表 6-2　轴加工表面粗糙度推荐值

<table>
<tr><th colspan="2">加工表面</th><th colspan="4">表面粗糙度 Ra 推荐值/μm</th></tr>
<tr><td rowspan="2">与滚动轴承相配合的</td><td>轴颈表面</td><td colspan="4">0.8(轴承内径 $d\leqslant$80mm)；1.6(轴承内径>80mm)</td></tr>
<tr><td>轴肩端面</td><td colspan="4">1.6</td></tr>
<tr><td rowspan="2">与传动零件、联轴器相配合的</td><td>轴头表面</td><td colspan="4">1.6～0.8</td></tr>
<tr><td>轴肩端面</td><td colspan="4">3.2～1.6</td></tr>
<tr><td rowspan="2">平键键槽的</td><td>工作面</td><td colspan="4">6.3～3.2，3.2～1.6</td></tr>
<tr><td>非工作面</td><td colspan="4">12.5～6.3</td></tr>
<tr><td colspan="2" rowspan="4">密封轴段表面</td><td>毡圈密封</td><td colspan="2">橡胶密封</td><td>间隙或迷宫密封</td></tr>
<tr><td colspan="3">与轴接触处的圆周速度/(m/s)</td><td rowspan="3">3.2～1.6</td></tr>
<tr><td>≤3</td><td>>3～5</td><td>>5～10</td></tr>
<tr><td>3.2～1.6</td><td>0.8～0.4</td><td>0.4～0.2</td></tr>
</table>

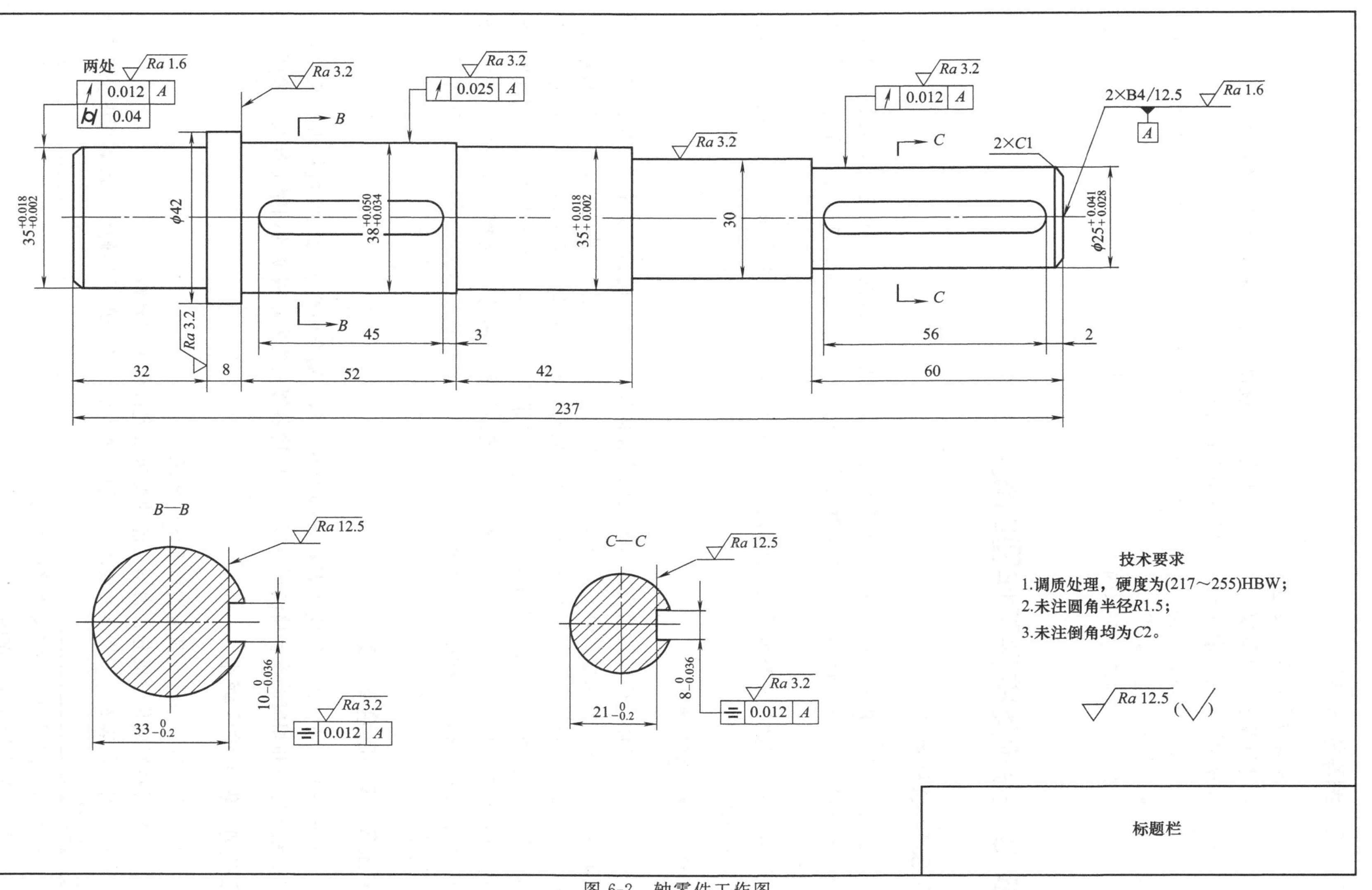
两处
2×B4/12.5
2×C1
B—B
C—C
技术要求
1.调质处理，硬度为(217～255)HBW；
2.未注圆角半径R1.5；
3.未注倒角均为C2。
标题栏

图 6-2　轴零件工作图

6.2.5 编写技术要求

轴类零件的技术要求主要包括：

(1) 对材料及表面性能要求（如热处理方法、硬度、渗碳深度及淬火深度等）。

(2) 对轴的加工的要求（如是否保留中心孔等）。

(3) 对图中未注明的倒角、圆角尺寸说明及其他特殊要求（如个别部位有修饰加工要求，对长轴应校直毛坯等要求）。

图 6-2 所示为轴的零件工作图。

6.3 齿轮类零件工作图的设计

6.3.1 选择视图

齿轮类零件可用一个视图（附轴孔和键槽的局部视图）或两个视图表达，可视具体情况根据机械制图的规定画法对视图做某些变化，有轮辐的齿轮应另外画出轮辐结构的横断面图。

齿轮轴的视图与轴类零件工作图相似。为了表达齿形的有关特征及参数，必要时应绘制局部断面图。

6.3.2 标注尺寸

齿轮为回转体，应以其轴线为基准来标注径向尺寸，以端面为基准来标注轴向尺寸。分度圆直径虽不能直接测量，但它是设计的基本尺寸，必须标注。轴孔是加工、测量和装配时的基准，应标出尺寸、尺寸公差及形位公差（如圆柱度）。齿轮两端面应标注位置公差（端面圆跳动）。齿顶圆的偏差值大小与其是否作为基准有关，如果以齿顶圆作为工艺基准，则应标注齿顶圆的尺寸、尺寸公差和位置公差（齿顶圆径向跳动）。键槽应标注尺寸和尺寸公差，两侧面还应标明对称度。另外轮毂直径、轮辐（或腹板）、圆角、倒角、锥度等尺寸也必须标明。

6.3.3 编写啮合特性表

齿轮的啮合特性表一般应布置在图幅的右上角。啮合特性表的内容包括齿轮的主要参数、精度等级和相应的误差检测项目等。具体请参阅相关齿轮精度的国家标准及有关图例。

6.3.4 编写技术要求

(1) 对铸件、锻件或其他类型毛坯的要求。

(2) 对材料的化学成分和力学性能的要求及允许代用的材料。

(3) 对零件表面力学性能的要求，如热处理方法、热处理后的硬度、渗碳深度及淬火硬化层深度等。

(4) 对未注明倒角、圆角半径的说明等。

图 6-3 为齿轮零件工作图。

法向模数		m_n	2	精度等级	8(GB/T 10095—2008)	
齿数		z	111	齿距累积总公差	F_p	0.069
齿形角		α	20°	径向跳动公差	F_r	0.055
齿顶高系数		h_a^*	1	齿廓总公差	F_α	0.020
螺旋角		β	0°	齿向公差	F_β	0.029
变位系数		x	0	公法线平均长度及其上下偏差	$76.912_{-0.177}^{-0.071}$	
配对齿轮	图号					
	齿数	24		跨齿数	k	13

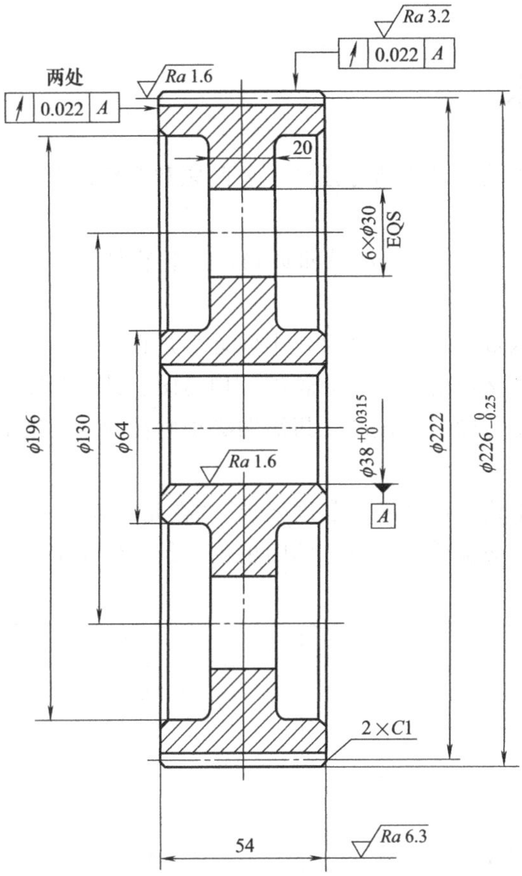

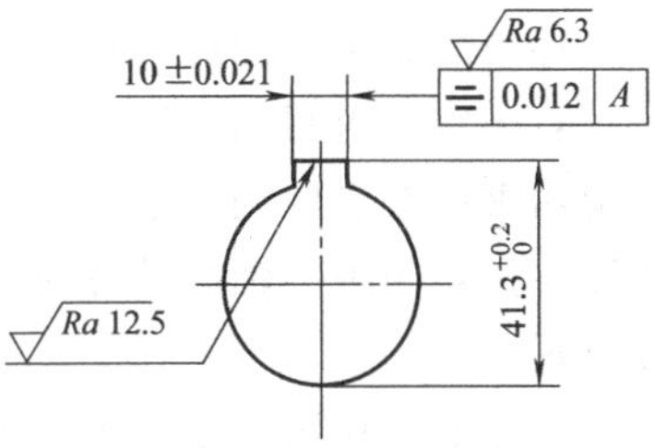

技术要求

1.经正火处理，硬度为190～210HBW；

2.未注倒角均为$C2$;

2.未注圆角半径均为$R5$。

标题栏

图 6-3　齿轮零件工作图

第7章

编写设计计算说明书和答辩

设计计算说明书是设计计算的整理和总结，是图样设计的理论依据，也是审核设计是否合理的技术文件之一。因此，编写设计计算说明书是设计工作的一个重要组成部分。

7.1 设计计算说明书的要求

编写设计计算说明书应准确、简要地说明设计中所考虑的主要问题和全部计算项目，其主要要求如下：

（1）说明书一般用16开纸书写，要有封面、编写目录和页码，最后装订成册。要求书写工整、论述清楚、文字简练、计算正确。

（2）计算内容要求写出计算公式，代入数值得计算结果，中间运算过程应省略。

（3）说明书应有必要的大小标题，附加必需的插图，如轴的结构简图、计算简图、受力图、弯矩图、扭矩图等。轴的计算简图、受力图、弯矩图、扭矩图必须画在同一页纸上，而且位置要对正。

（4）对主要的计算结果要写出简短的结论，如“满足强度要求”“在允许范围内”等。

（5）全部计算过程中所采用的参量符号必须前后一致，标明单位，且单位要统一。

设计计算说明书书写格式如下：

计算及说明	主要结果
1. 普通V带传动的设计计算	
(1)选择V带类型	
根据工作条件，查教材表5-8取 $K_A=1.2$	
$$P_c=K_AP=K_AP_d=1.2\times3.92=4.7(\mathrm{kW})$$	
由 $n_m=960\mathrm{r/min}$，$P_c=4.7\mathrm{kW}$，查教材图3-1，选用A型V带。	选用A型普通V带
(2)确定带轮基准直径	
由教材图3-1知，推荐的小带轮直径为112～140mm，按表3-2取 $d_{d1}=125\mathrm{mm}>d_{dmin}=112\mathrm{mm}$。故有 $d_{d2}=i_带 d_{d1}=3.14\times125=392.5\mathrm{mm}$。	$d_{d1}=125\mathrm{mm}$
由教材表5-9，取 $d_{d2}=400\mathrm{mm}$。	$d_{d2}=400\mathrm{mm}$
(3)验算带速	
$$v=\frac{\pi d_{d1}n_1}{60\times1000}=\frac{\pi\times125\times960}{60\times1000}=6.28(\mathrm{m/s})$$	
带速在5～25m/s范围内，合适。	符合要求
(4)初定中心距	
因没有给定中心距的尺寸范围，按公式 $0.7(d_{d1}+d_{d2})\leqslant a_0\leqslant2(d_{d1}+d_{d2})$ 计算中心距，得 $367.5\mathrm{mm}\leqslant a_0\leqslant1050\mathrm{mm}$。	
取 $a_0=500\mathrm{mm}$。	$a_0=500\mathrm{mm}$

7.2　设计计算说明书内容示例

7.2.1　封面

机械设计基础课程设计
计算说明书

专业班级：____________

学生姓名：____________

学　　号：____________

指导教师：____________

完成日期：____________

7.2.2 课程设计任务书

机械设计基础课程设计任务书

一、设计题目

带式输送机传动装置

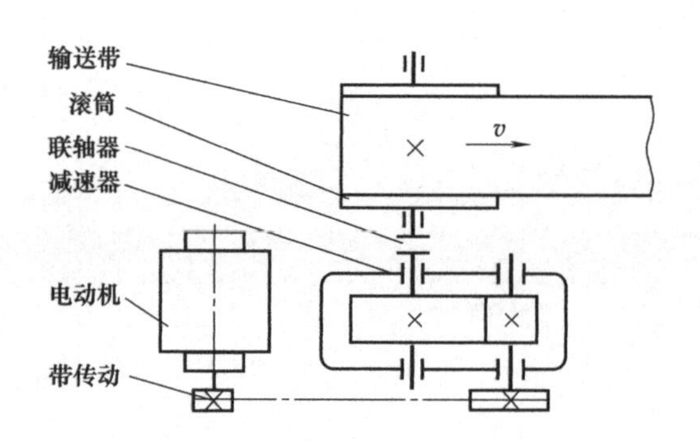

二、传动方案

三、原始数据

分组数据（一）6 号题：

滚筒直径 D=315mm，输送带工作拉力 F=2700N，输送带速度 v=1.4m/s。

四、工作条件

输送机单向运转，两班制工作，载荷变化不大，空载起动，大修期限为 8 年（每年按 300 个工作日计算），输送带速度允许有±5%的误差。

五、设计工作量

（1）编写设计计算说明书 1 份；

（2）绘制减速器装配图 1 张；

（3）绘制减速器低速轴及齿轮零件图各 1 张。

7.2.3　目录

目　　录

7.2.4　正文

正文中只列出标题供参考。

一、传动方案分析
二、电动机的选择
1. 选择电动机的类型
2. 确定电动机功率
3. 确定电动机转速
4. 确定电动机型号
三、计算总传动比及传动比分配
1. 传动装置的总传动比
2. 分配各级传动比
四、运动和动力参数计算
1. 计算各轴转速
2. 计算各轴功率
3. 计算各轴转矩
五、传动零件的设计计算
1. 普通 V 带传动的设计计算
2. 齿轮传动的设计计算
六、轴的设计计算
1. 各轴的转速、功率、转矩
2. 选择轴的材料和热处理方法
3. 初算轴的直径
4. 选择联轴器
5. 初选键和滚动轴承
6. 轴的结构设计
7. 轴的强度校核
七、滚动轴承的寿命计算
1. 高速轴滚动轴承
2. 低速轴滚动轴承
八、键的强度校核
1. 轴与联轴器配合处键连接
2. 轴与齿轮配合处键连接
九、减速器箱体尺寸设计
1. 箱座、箱盖、凸缘厚度
2. 螺栓、螺钉直径
十、润滑与密封的选择
十一、参考资料

7.3 准备答辩

完成设计后，应及时做好答辩的准备，并认真总结设计过程。总结时，可以从确定方案直至结构设计各个方面的具体问题入手，如各零件的构型和作用、相互关系、受力分析、承载能力校验、主要参数的确定、选材、结构细节、工艺性、使用维护以及资料和标准的运用等，做系统、全面地回顾，进一步真正弄懂设计过程中的计算方法和结构设计等问题，以取得更大的收获。

答辩是课程设计的最后一个重要环节。答辩也是检查学生掌握设计知识及实际具有的设计能力和评定学生成绩的重要方式。

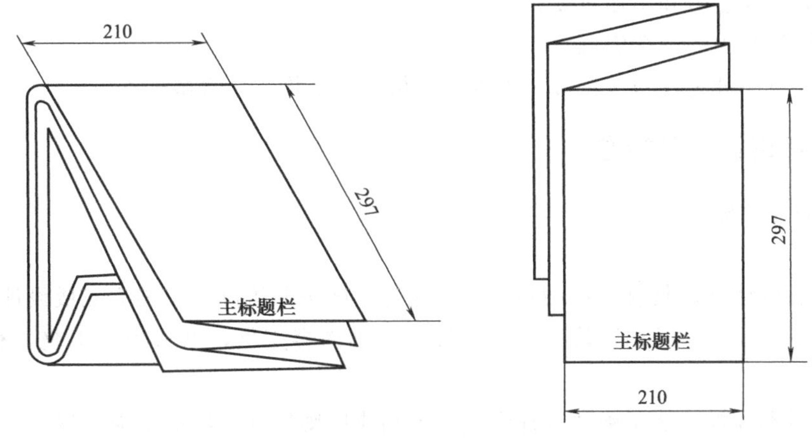

图 7-1　图纸折叠方法

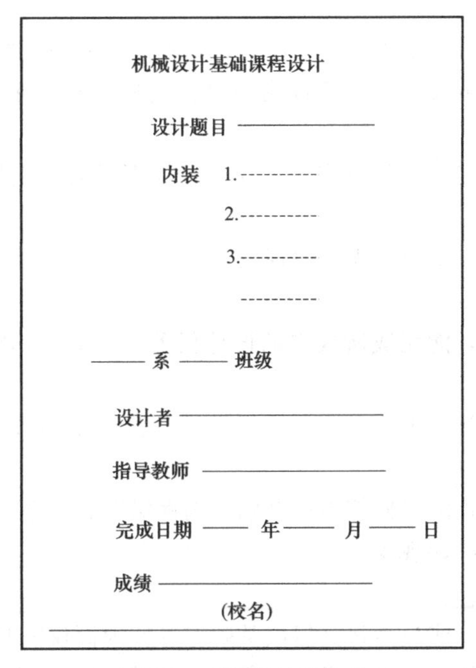

机械设计基础课程设计

设计题目 ________

内装　1.----------

2.----------

3.----------

——系——班级

设计者 ________

指导教师 ________

完成日期 —— 年 —— 月 —— 日

成绩 ________

(校名)

图 7-2　图纸袋封面格式

答辩前，应整理、检查全部图纸和设计计算说明书，并按图 7-1 格式折叠图纸，将图纸和计算说明书装入图纸袋，图纸袋封面格式如图 7-2 所示。

7.4 课程设计成绩评定

7.4.1 课程设计成绩的评定

课程设计成绩的评定应综合考虑如下因素：

(1) 设计图纸和设计计算说明书的质量；

(2) 答辩的成绩；

(3) 独立工作能力和工作态度；

(4) 设计过程中的纪律表现。

课程设计成绩分为优秀、良好、中等、及格、不及格五个等级。

7.4.2 课程设计评分标准

各等级的评分标准如下：

(1) 优秀

① 学习态度认真，具有一定的独立工作能力；能按照进度要求独立完成设计任务；

② 设计图纸规范，结构正确；设计计算说明书内容完整，书写规范工整，有个别一般性错误；

③ 答辩时不经提示能正确回答提问，有个别非原则性问题经提示能正确回答；

④ 遵守纪律，无迟到、早退及旷课现象。

(2) 良好

① 学习态度认真，尚有一定独立工作能力，基本能按照进度要求完成设计任务；

② 结构正确；设计图纸及设计计算说明书内容完整，但不够规范、工整；有少量一般性错误，但无大错；

③ 答辩时能正确回答提问，虽有多个错误，但经提示对原则性问题皆能回答，但仍有个别一般性错误；

④ 遵守纪律，不迟到、早退，无旷课现象。

(3) 中等

① 学习态度比较认真，能完成所规定的设计任务；独立工作能力不强，对教师（或同学）有一定程度的依赖；

② 结构基本正确，设计图纸质量一般：设计计算说明书内容基本完整，有个别原则性错误和若干一般性错误；

③ 答辩基本还能回答提问，回答中有个别原则性错误和多个一般性错误；

④ 学习纪律较好，无旷课现象。

(4) 及格

① 学习态度不够认真，或虽然认真但因基础差等原因而仅能基本完成设计任务；

② 图纸质量差，结构错误较多；设计计算说明书内容不完整，有原则性错误和多个一

般性错误；

③ 答辩中不能很好地回答问题，回答中有少数原则性错误和多个一般性错误；

④ 多次迟到、早退，甚至有旷课现象。

（5）不及格

① 学习态度不认真，或因基础太差或其他原因而未能完成规定的设计任务；

② 结构错误较多；设计计算说明书内容不全，有多个原则性错误；

③ 答辩时不能回答提问，错误多，还有多个原则性错误，经提示还不能正确回答；

④ 学习纪律差，迟到、旷课现象严重。

需要特别指出：若存在如下现象之一者，按不及格处理。

① 无故不参加课程设计或缺勤累计三天以上者；

② 迟到、早退累计达考勤数一半以上者；

③ 抄袭他人设计者；

④ 无正当理由拒不参加答辩者。

第8章 课程设计常用标准和规范

8.1 机械制图及机械制造一般标准

机械制图及机械制造一般标准见表 8-1～表 8-8。

表 8-1 图纸幅面、图样比例

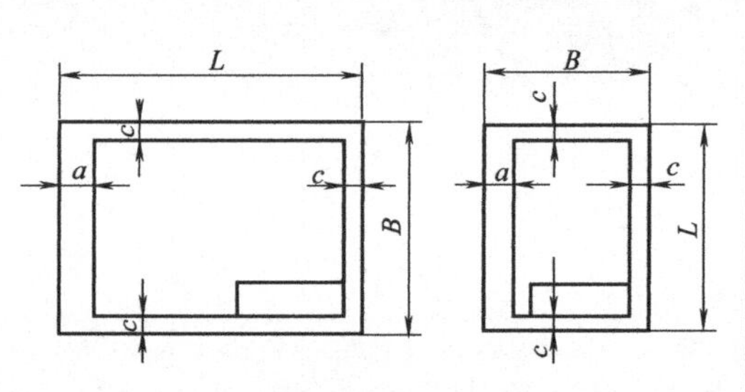

留装订边

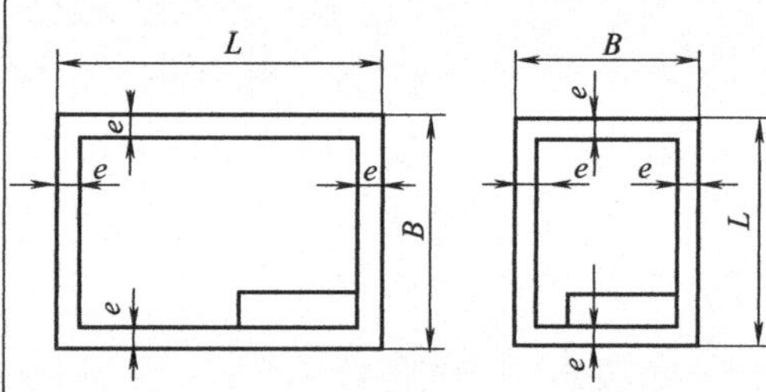

不留装订边

图纸幅面(GB/T 14689—2008 摘录)(mm)

基本幅面(第一选择)					加长幅面(第二选择)	
幅面代号	$B \times L$	a	c	e	幅面代号	$B \times L$
A0	841×1189	25	10	20	A3×3	420×891
A1	594×841				A3×4	420×1189
A2	420×594			10	A4×3	297×630
A3	297×420		5		A4×4	297×841
A4	210×297				A4×5	297×1051

图样比例(GB/T 14690—1993)

原值比例	缩小比例	放大比例
1∶1	1∶2　$1:2\times10^n$ 1∶5　$1:5\times10^n$ 1∶10　$1:1\times10^n$	5∶1　$5\times10^n:1$ 2∶1　$2\times10^n:1$ $1\times10^n:1$
	必要时允许选取 1∶1.5　$1:1.5\times10^n$ 1∶2.5　$1:2.5\times10^n$ 1∶3　$1:3\times10^n$ 1∶4　$1:4\times10^n$ 1∶6　$1:6\times10^n$	必要时允许选取 4∶1　$4\times10^n:1$ 2.5∶1　$2.5\times10^n:1$ n——正整数

注：1. 加长幅面的图框尺寸，按比所选用的基本幅面大一号的图框尺寸确定。例如对 A3×4，按 A2 的图框尺寸确定，即 e 为 10（或 c 为 10）。

2. 加长幅面（第三选择）的尺寸见 GB/T 14689—2008。

表 8-2 一般用途圆锥的锥度与锥角（摘自 GB/T 157—2001）

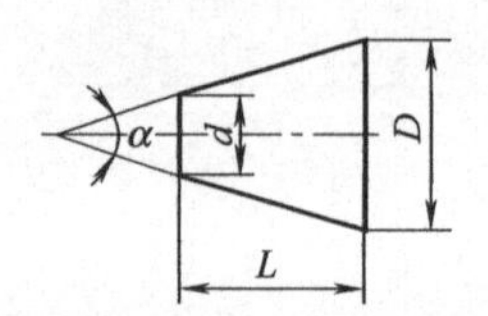

$$C=\frac{D-d}{L}$$

$$C=2\tan\frac{\alpha}{2}=1:\frac{1}{2}\cot\frac{\alpha}{2}$$

d——给定截面圆锥直径

续表

基本值		推算值			应用举例
系列 1	系列 2	锥角 α	斜角 α/2	锥度 C	
120°		—	—	1∶0.288	螺纹孔内倒角，填料盒内填料的锥度
90°		—	—	1∶0.500	沉头螺钉头，螺纹倒角，轴的倒角
	75°	—	—	1∶0.651	沉头带榫螺栓的螺栓头
60°		—	—	1∶0.866	车床顶尖，中心孔
45°		—	—	1∶1.207	用于轻型螺旋管接口的锥形密合
30°		—	—	1∶1.866	摩擦离合器
1∶3		18°55′28.7″	9°27′44.4″	—	具有极限转矩的摩擦圆锥离合器
	1∶4	14°15′00.1″	7°07′30.1″	—	
1∶5		11°25′16.3″	5°42′38.2″	—	易拆零件的锥形连接，锥形摩擦离合器
	1∶6	9°31′38.2″	4°45′49.1″	—	
	1∶7	8°10′16.4″	4°05′08.2″	—	重型机床顶尖，旋塞
	1∶8	7°09′09.6″	3°34′34.8″	—	联轴器和轴的圆锥面连接
1∶10		5°43′29.3″	2°51′44.7″	—	受轴向及横向力的锥形零件接合面，电机及其他机械的锥形轴端
	1∶12	4°46′18.8″	2°23′09.4″	—	固定球轴承及滚子轴承的衬套
	1∶15	3°49′05.9″	1°54′33.0″	—	受轴向力的锥形零件的接合面，活塞与其杆的连接
1∶20		2°51′51.1″	1°25′55.6″	—	机床主轴的锥度，刀具尾柄，公制锥度铰刀，圆锥螺栓
1∶30		1°54′34.9″	0°57′17.5″	—	装柄的铰刀及扩孔钻
1∶50		1°08′45.2″	0°04′22.6″	—	圆锥销，定位销，圆锥销孔的铰刀
1∶10		0°34′″22.6″	0°17′11.3″	—	承受陡振及静载荷、变载荷的不需拆开的连接零件，楔键
1∶20		0°17′11.3″	0°08°55.7″	—	承受陡振及冲击载荷的需拆开的连接零件，圆锥螺栓
1∶50		0°06′52.5″	0°03°26.3″	—	

注：优先选用系列 1，当不能满足需要时选用系列 2。

表 8-3　圆柱形轴伸（摘自 GB/T 1569—2005）　mm

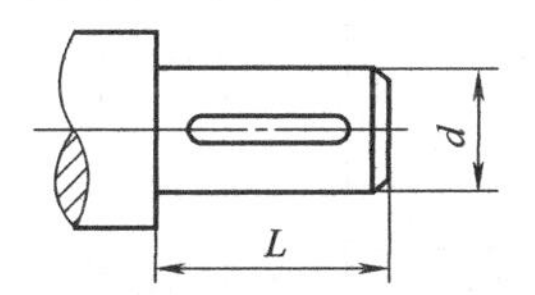

d		L		d		L	
基本尺寸	极限偏差	长系列	短系列	基本尺寸	极限偏差	长系列	短系列
6,7	j6	16	—	60,63,65,70,71,75	m6	140	105
8,9		20	—	80,86,90,95		170	130
10,11		23	20	100,110,120,125		210	165
12,14		30	25	130,140,150		250	200
16,18,19		40	28	160,170,180		300	240
20,22,24		50	36	190,200,220		350	280
25,28		60	42	240,250,260		410	330
30		80	58	280,300,320		470	380
32,35,38	k6	80	58	340,360,380		550	450
40,42,45,48,50		110	82	400,420,440,450,460,480,500		650	540
55,56	m6	110	82	530,560,600,630		800	680

表 8-4　圆锥形轴伸（摘自 GB/T 1570—2005）　　mm

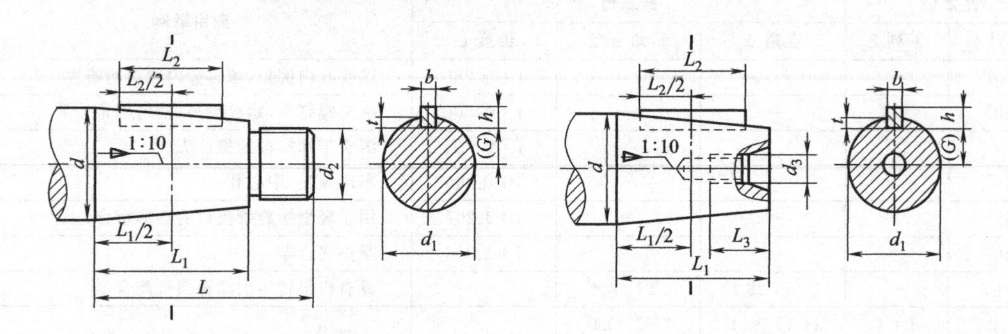

d	b	h	t	长系列					短系列					d_2	d_3	L_3
				L	L_1	L_2	d_1	(G)	L	L_1	L_2	d_1	(G)			
6	—	—	—	16	10	6	5.5	—						M4	—	—
7							6.5									
8	—	—	—	20	12	8	7.4	—						M6		
9							8.4									
10	—	—	—	23	15	12	9.2	—								
11	2	2	1.2				10.2	3.9								
12	2	2	1.2	30	18	16	11.1	4.3						M8×1	M4	10
14	3	3	1.8				13.1	4.7								
16	3	3	1.8	40	28	25	14.6	5.5	28	16	14	15.2	5.8	M10×1.25	M4	10
18	4	4	2.5				16.6	5.8				17.2	6.1		M5	13
19	4	4	2.5				17.6	6.3				18.2	6.6			
20	4	4	2.5	50	36	32	18.2	6.6	36	22	20	18.9	6.9	M12×1.25	M6	16
22	4	4	2.5				20.2	7.6				20.9	7.9			
24	5	5	2.5				22.2	8.1				22.9	8.4			
25	5	5	3.0	60	42	36	22.9	8.4	42	24	22	23.8	8.9	M16×1.5	M8	19
28	5	5	3.0				25.9	9.9				26.8	10.4			
30	5	5	3.0	80	58	50	27.1	10.5	58	36	32	28.2	11.1	M20×1.5	M10	22
32	6	6	3.5				29.1	11.0				30.2	11.6			
35	6	6	3.5				32.1	12.5				33.2	13.1			
38	6	6	3.5				35.1	14.0				36.2	14.6	M24×2	M12	28
40	10	8	5.0	110	82	70	35.9	12.9	82	54	50	37.3	13.6			
42	10	8	5.0				37.9	13.9				39.3	14.6			
45	12	8	5.0				40.9	15.4				42.3	16.1	M30×2	M16	36
48	12	8	5.0				43.9	16.9				45.3	17.6			
50	12	8	5.0				45.9	17.9				47.3	18.6			
55	14	9	5.5				50.9	19.9				52.3	20.6	M36×3	M20	42
56	14	9	5.5				51.9	20.4				53.3	21.1			
60	16	10	6.0	140	105	100	54.75	21.4	105	70	63	56.5	22.2	M42×3		
63	16	10	6.0				57.75	22.9				59.5	23.7			
65	16	10	6.0				59.75	23.9				61.5	24.7			
70	18	11	7.0				64.75	25.4				66.5	26.2	M48×3	M24	50
71	18	11	7.0				65.75	25.9				67.5	26.7			
75	18	11	7.0				69.75	27.9				71.5	28.7			
80	20	12	7.5	170	130	110	73.5	29.2	130	90	80	75.5	30.2	M56×4	—	—
85	20	12	7.5				78.5	31.7				80.5	32.7			
90	22	10	9.0				83.5	32.7				85.5	33.7	M64×4		
95	22	14	9.0				88.5	35.2				90.5	36.3			

续表

d	b	h	t	长系列					短系列					d_2	d_3	L_3
				L	L_1	L_2	d_1	(G)	L	L_1	L_2	d_1	(G)			
100	25	14	9.0	210	165	140	91.75	36.9	165	120	110	94.0	38.0	M72×4	—	—
110	25	14	9.0				101.7	41.9				104	43.0	M80×4		
120	28	16	10.0				111.7	45.9				114	47.0	M90×4		

注：1. ϕ220mm 及以下的圆锥轴伸键槽底面与圆锥轴线平行。

2. 键槽深度 t 可由测量 G 来代替。

表 8-5　圆锥形轴伸大端处键槽深度尺寸（摘自 GB/T 1570—2005）　mm

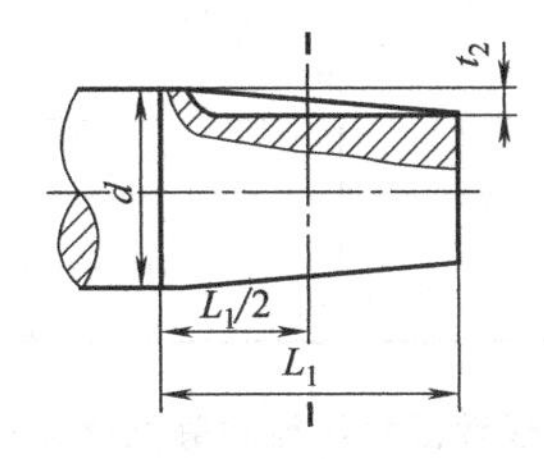

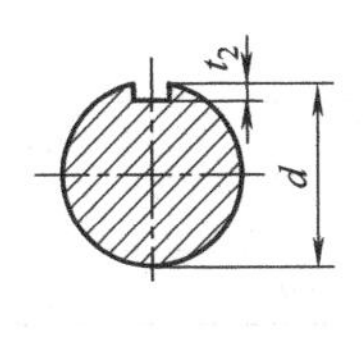

d	t_2		d	t_2		d	t_2		d	t_2	
	长系列	短系列		长系列	短系列		长系列	短系列		长系列	短系列
11	1.6		30	4.5	3.9	60	8.6	7.8	120	14.1	13.0
12	1.7		32	5.0	4.4	65	8.6	7.8	125	14.1	13.0
14	2.3		35	5.0	4.4	70	9.6	8.8	130	15.0	13.8
16	2.5	2.2	38	5.0	4.4	71	9.6	8.8	140	16.0	14.8
18	3.2	2.9	40	7.1	6.4	75	9.6	8.8	150	16.0	14.8
19	3.2	2.9	42	7.1	6.4	80	10.6	9.8	160	18.0	16.5
20	3.4	3.1	45	7.1	6.4	85	10.8	9.8	170	18.0	16.5
22	3.4	3.1	48	7.1	6.4	90	12.3	11.3	180	19.0	17.5
24	3.9	3.6	50	7.1	6.4	95	12.3	11.3	190	20.0	18.3
25	4.1	3.6	55	7.6	6.9	100	13.1	12.0	200	20.0	18.3
28	4.1	3.6	56	7.6	6.9	110	13.1	12.0	220	22.0	20.3

表 8-6　配合表面的倒圆和倒角（摘自 GB/T 6403.4—2008）　mm

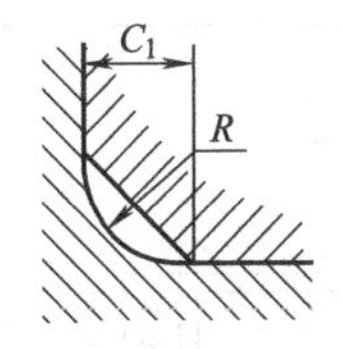

内角倒圆R
外角倒角C_1
$C_1>R$

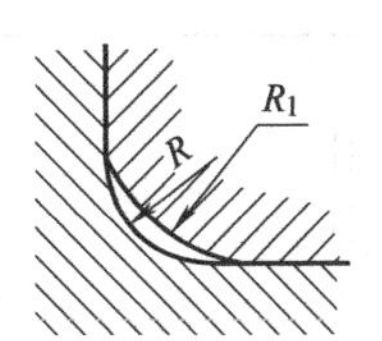

内角倒圆R
外角倒圆R_1
$R_1>R$

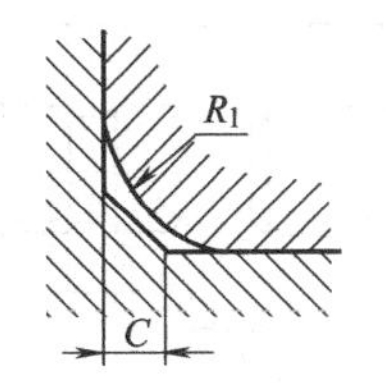

内角倒角C
外角倒圆R_1
$C<0.58R_1$

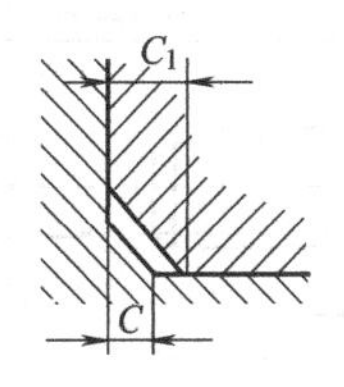

内角倒角C
外角倒角C_1
$C_1>C$

与直径 d 相应的倒圆倒角推荐值							
d	>10～18	>18～30	>30～50	>50～80	>80～120	>120～180	>180～250
R、C、R_1	0.8	1.0	1.6	2.0	2.5	3.0	4.0
C_{max}	0.4	0.5	0.8	1.0	1.2	1.6	2.0

表 8-7 **回转面和端面砂轮越程槽**（摘自 GB/T 6403.5—2008） mm

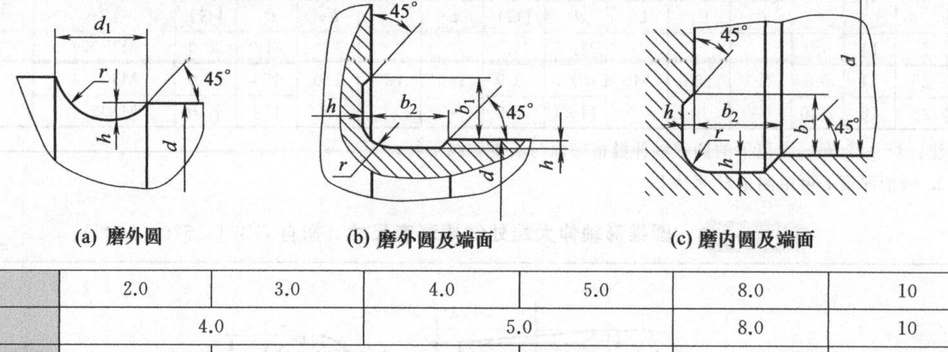

(a) 磨外圆　(b) 磨外圆及端面　(c) 磨内圆及端面

b_1	2.0	3.0	4.0	5.0	8.0	10
b_2	4.0		5.0		8.0	10
h	0.3	0.4		0.6	0.8	1.2
r	0.8	1.0		1.6	2.0	3.0
d	>10～50		>50～100		>100	

表 8-8 **圆形零件自由表面过渡圆角半径和静配合连接轴用倒角** mm

圆角半径	$D-d$	2	5	8	10	15	20	25	30	35	40
	R	1	2	3	4	5	8	10	12	12	16

静配合联接轴倒角	D	≤10	>10～18	>18～30	>30～50	>50～80	>80～120	>120～180	>180～260
	a	1	1.5	2	3	5	5	8	10
	α	30°				10°			

8.2 螺纹连接

螺纹连接见表 8-9～表 8-14。

表 8-9 **普通螺纹收尾、肩距、退刀槽、倒角**（摘自 GB/T 3—1997） mm

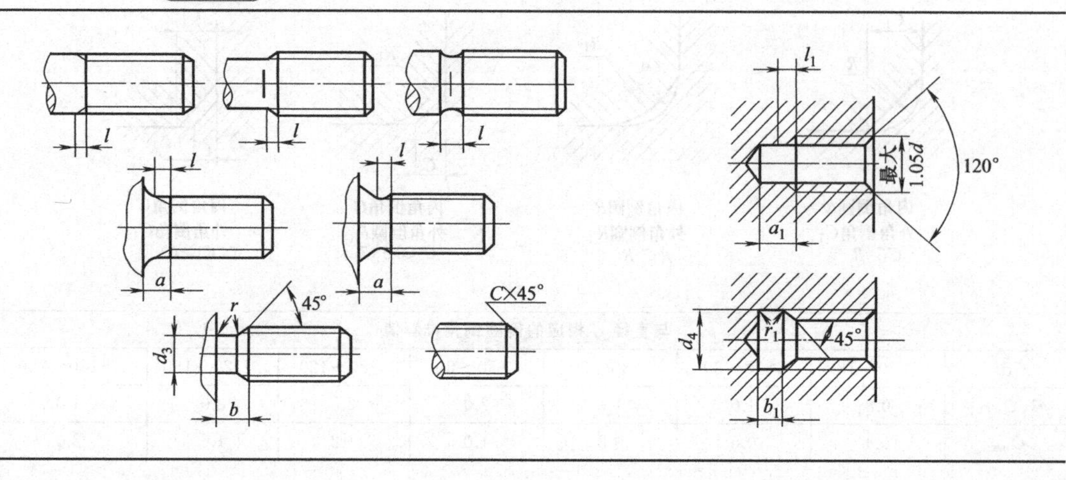

续表

	外螺纹											内螺纹								
	螺距 P	粗牙螺纹大径	螺纹收尾 l（不大于）		肩距 a（不大于）			退刀槽				倒角 C	螺纹收尾 l_1（不大于）		肩距 a_1（不大于）		退刀槽			
								b		r	d_2						b_1		r_1	d_4
			一般	短的	一般	长的	短的	一般	窄的				一般	长的	一般	长的	一般	窄的		
普通螺纹	2	14,16	5	2.5	6	8	4	6	3.5		$d-3$	2	4	6	10	16	8	5		
	2.5	18,20,22	6.3	3.2	7.5	10	5	7.5			$d-3.6$	2.5	5	7.5	12	18	10	6		
	3	24,27	7.5	3.8	9	12	6	9	4.5		$d-4.4$		6	9	14	22	12	7		
	3.5	30,33	9	4.5	10.5	14	7	10.5			$d-5$	3	7	10.5	16	24	14	8		
	4	36,39	10	5	12	16	8	12	5.5	0.5P	$d-5.7$		8	12	18	26	16	9	0.5P	$d+0.5$
	4.5	42,45	11	5.5	13.5	18	9	13.5	6		$d-6.4$	4	9	13.5	21	29	16	10		
	5	48,52	12.5	6.3	15	20	10	15	6.5		$d-7$		10	15	23	32	20	11		
	5.5	56,60	14	7	16.5	22	11	17.5	7.5		$d-7.7$	5	11	16.5	25	35	22	12		
	6	64,66	15	7.5	18	24	12	18	8		$d-8.3$		12	18	28	38	24	14		

表 8-10　六角头螺栓 C 级

mm

六角头螺栓 C 级（GB/T 5780—2016）　　六角头螺栓全螺纹 C 级（GB/T 5781—2016）

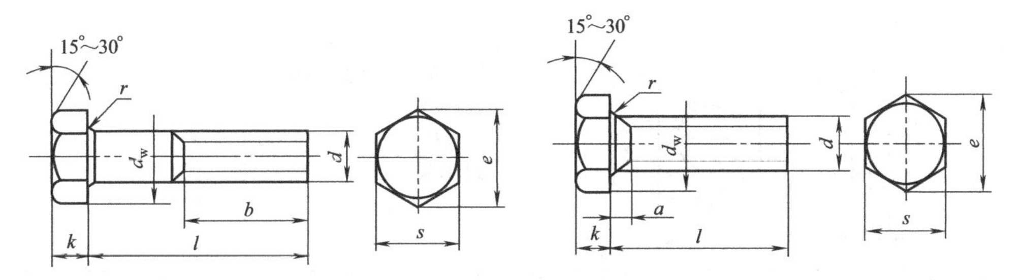

标注示例：

螺纹规格 d=M12、公称长度 l=80mm、性能等级为 4.8 级、不经表面处理、C 级的六角头螺栓：螺栓 GB/T 5780 M12×80

螺纹规格		M5	M6	M8	M10	M12	(M14)	M16	(M18)	M20	(M22)	M24	(M27)	M30	M36
s(公称)		8	10	13	16	18	21	24	27	30	34	36	41	46	55
k(公称)		3.5	4	5.3	6.4	7.5	8.8	10	11.5	12.5	14	15	17	18.7	22.5
r(最小)		0.2	0.25	0.4	0.4	0.6	0.6	0.6	0.6	0.8	0.8	0.8	1	1	1
e(最小)		8.6	10.9	14.2	17.6	19.9	22.8	26.2	29.6	33	37.3	39.6	45.2	50.9	60.8
a(最大)		2.4	3	4	4.5	5.3	6	6	7.5	7.5	7.5	7.5	9	10.5	12
d_W(最小)		6.7	8.7	11.5	14.5	16.5	19.2	22	24.9	27.7	31.4	33.3	38	42.8	51.1
b(参考)	$l \leqslant 125$	16	18	22	26	30	34	38	42	46	50	54	60	66	78
	$125 < l \leqslant 200$	—	—	28	32	36	40	44	48	52	56	60	66	72	84
	$l > 200$	—	—	—	—	—	53	57	61	65	69	73	79	85	97
l 系列(公称)		25～	30～	40～	45～	55～	60～	65～	80～	80～	90～	100～	110～	120～	140～
GB/T 5780—2000		50	60	80	100	120	140	160	180	200	220	240	260	300	360
全螺纹长度 l		10～	12～	16～	20～	25～	30～	35～	35～	40～	45～	50～	55～	60～	70～
GB/T 5781—2000		50	60	80	100	120	140	160	180	200	220	240	280	300	360
l 系列(公称)		10,12,16,20,25,30,35,40,45,50,55,60,65,70,80,90,100,110,120,130,140,150,160,180,200,220,240,260,280,300,320,340,360													

技术条件	GB/T 5780 螺纹公差:8g	材料:钢	性能等级:3.6、4.6、4.8	表面处理:不经处理,电镀。非电解锌粉覆盖	产品等级:C
	GB/T 5781 螺纹公差:8g				

注：带括号的为非优选的螺纹规格。

表 8-11 六角螺母 mm

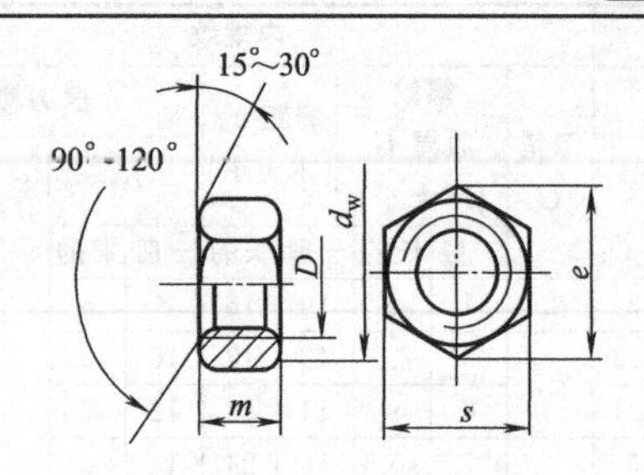

六角螺母 C 级 GB/T 41—2016

标记示例：

螺纹规格 D=M12、性能等级为 5、不经表面处理、产品等级为 C 级的六角螺母

螺母 GB/T 41—2016 M12

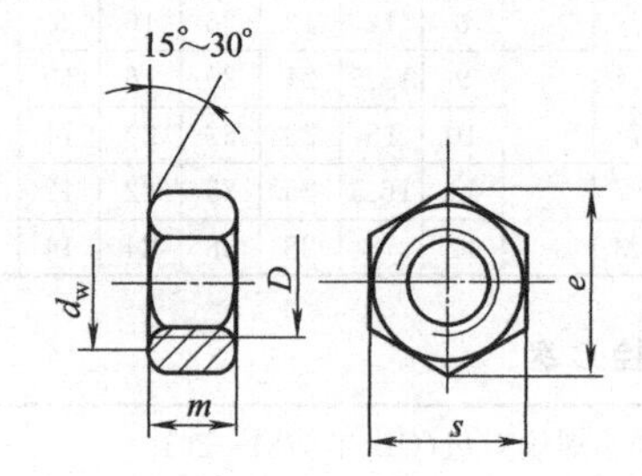

Ⅰ型六角螺母(GB/T 6170—2015)

六角薄螺母(GB/T 6172.1—2016)

标记示例：

螺纹规格 D=M12、性能等级为 10 级、不经表面处理、A 级的Ⅰ型六角螺母

螺母 GB/T 6170 M12

螺纹规格 D=M12、性能等级为 04 级、不经表面处理、A 级的六角薄螺母

螺母 GB/T 6172.1—2016 M12

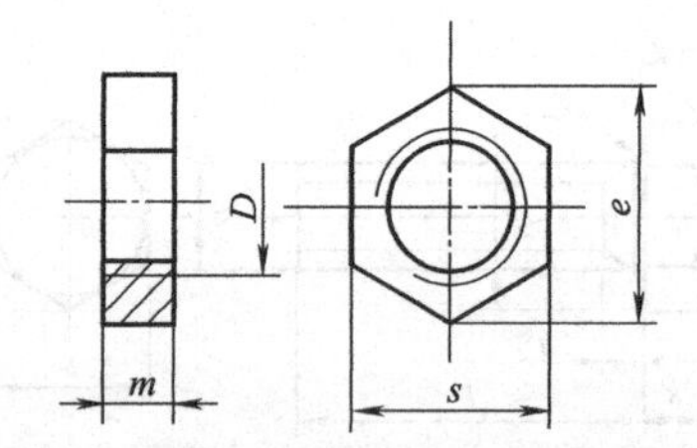

六角薄螺母无倒角(GB/T 6174—2016)

标记示例：

螺纹规格 D=M6、力学性能为 110HV、不经表面处理、B 级的六角薄螺母

螺母 GB/T 6174—2016 M6

螺纹规格		M5	M6	M8	M10	M12	(M14)	M16	(M18)	M20	(M22)	M24	(M27)	M30	M36
e_{min}	1①	8.6	10.9	14.2	17.6	19.9	22.8	26.2	29.6	33	37.3	39.6	45.2	50.9	60.8
	2②	8.8	11	14.4	17.8	20	23.4	26.8	29.6	33	37.3	39.6	45.2	50.9	60.8
s 公称		8	10	13	16	18	21	24	27	30	34	36	41	46	55
d_{wmin}	1①	6.7	10	11.5	14.5	16.5	19.2	22	24.9	27.7	31.4	33.3	38	42.8	51.1
	2②	6.9	10	11.6	14.6	16.6	19.6	22.5	24.9	27.7	31.4	33.3	38	42.8	51.1
m_{max}	GB/T 6170 GB/T 6172.1	4.7	10	6.8	8.4	10.8	12.8	14.8	15.8	18	19.4	21.5	23.8	25.6	31
	GB/T 6174	2.7	10	4	5	6	7	8	9	10	11	12	13.5	15	18
	GB/T 41	5.6	10	7.9	9.5	12.2	13.9	15.9	16.9	19	20.2	22.3	24.7	26.4	31.9

注：尽量不采用括号中的尺寸。

① 为 GB/T 41—2016 及 GB/T 6174—2016 的尺寸。

② 为 GB/T 6170—2016 及 GB/T 6172.1—2016 的尺寸。

表 8-12 普通螺纹的内、外螺纹预留长度，钻孔预留长度，螺栓突出螺母的末端长度 mm

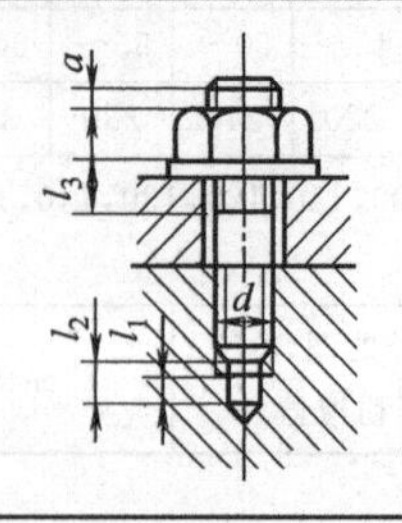

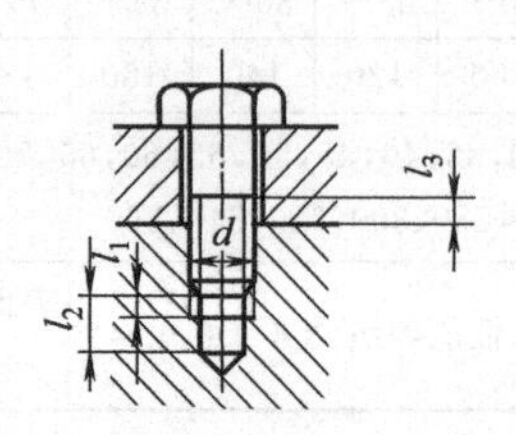

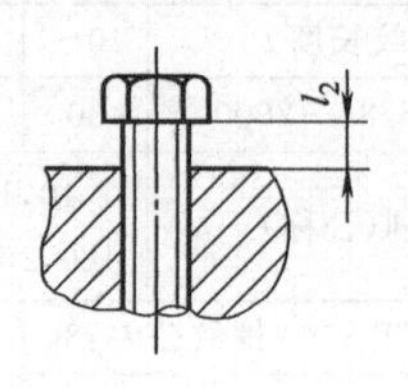

续表

螺距 P	螺纹直径 d		余留长度			末端长度
	粗牙	细牙	内螺纹	钻孔	外螺纹	
			l_1	l_2	l_3	a
0.5	3	5	1	4	2	1～2
0.7	4		1.5	5	2.5	2～3
0.75		6		6		
0.8	5					
1	6	8,10,14,16,18	2	7	3.5	2.5～4
1.25	8	12	2.5	9	4	
1.5	10	14,16,18,20,22,24,27,30,33	3	10	4.5	3.5～5
1.75	12		3.5	13	5.5	
2	14,16	24,27,30,33,36,39,45,48,52	4	14	6	4.5～6.5
2.5	18,20,22		5	17	7	
3	24,27	36,39,42,45,48,56,60,64,72,76	6	20	8	5.5～8
3.5	30		7	23	9	
4	36	56,60,64,68,72,76	8	26	10	7～11
4.5	42		9	30	11	
5	48		10	33	13	10～15
5.5	56		11	36	16	
6	64,72,76		12	40	18	

表 8-13　平垫圈　　mm

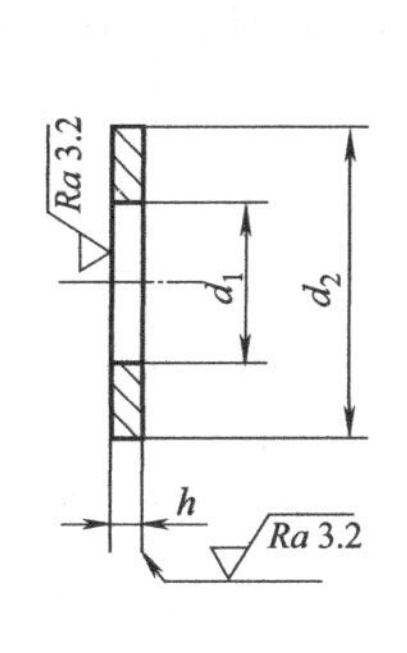

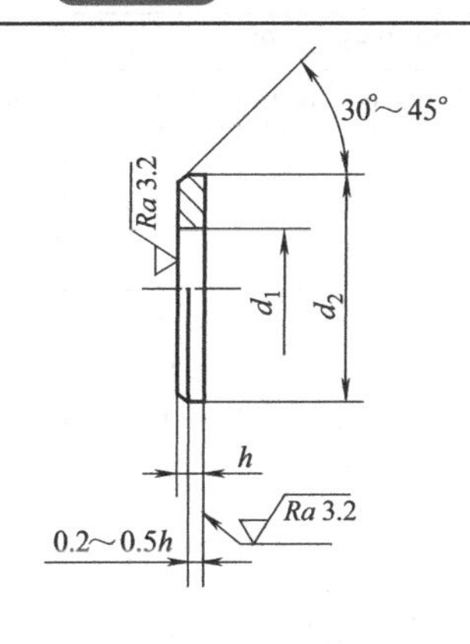

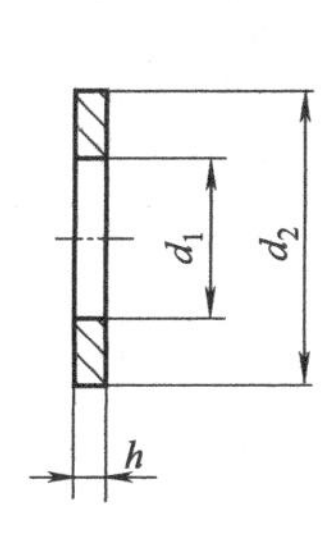

小垫圈(GB/T 848—2002)
平垫圈(GB/T 97.1—2002)　平垫圈倒角型(GB/T 97.2—2002)　平垫圈 C 级(GB/T 98—2002)

标注示例：

标准系列、公称规格为 8mm、硬度等级为 200HV 级、不经表面处理的平垫圈标记为

垫圈　GB/T 97.1　8

公称尺寸		4	5	6	8	10	12	14	16	20	24	30	36
d_1 min	GB/T 848—2002	4.3	5.3	6.4	7.4	10.5	13	15	17	21	25	31	37
	GB/T 97.1—2002												
	GB/T 97.2—2002	—											
	GB/T 95—2002												
d_2 max	GB/T 848—2002	8	9	11	15	18	20	24	28	34	39	50	60
	GB/T 97.1—2002	9	10	12	16	20	24	28	30	37	44	56	66
	GB/T 97.2—2002	—											
	GB/T 95—2002												

续表

<table>
<tr><th colspan="2">公称尺寸</th><th>4</th><th>5</th><th>6</th><th>8</th><th>10</th><th>12</th><th>14</th><th>16</th><th>20</th><th>24</th><th>30</th><th>36</th></tr>
<tr><td rowspan="4">h</td><td>GB/T 848—2002</td><td>0.5</td><td rowspan="4">1</td><td colspan="3">1.6</td><td>2</td><td>2.5</td><td>3</td><td rowspan="4" colspan="3">4</td><td rowspan="4">5</td></tr>
<tr><td>GB/T 97.1 2002</td><td>0.8</td><td colspan="2" rowspan="3">1.6</td><td rowspan="3">2</td><td rowspan="3">2.5</td><td colspan="2" rowspan="3">3</td></tr>
<tr><td>GB/T 97.2—2002</td><td rowspan="2">—</td></tr>
<tr><td>GB/T 95—2002</td></tr>
</table>

注：1. GB/T 97.2 规格 d 为 5～36mm。

2. GB/T 848 主要用于带圆柱头的螺钉，其他用于标准六角的螺栓、螺钉和螺母。

表 8-14 弹簧垫圈 mm

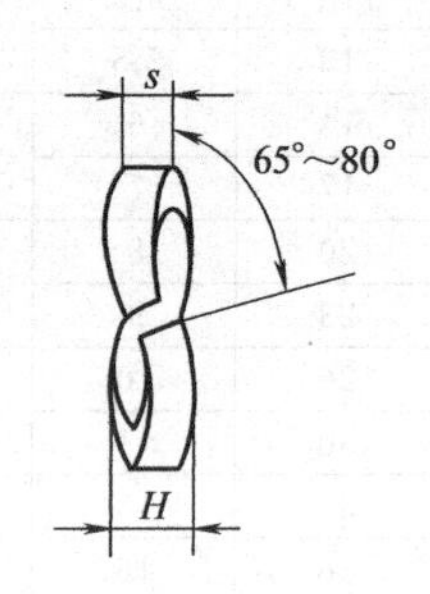

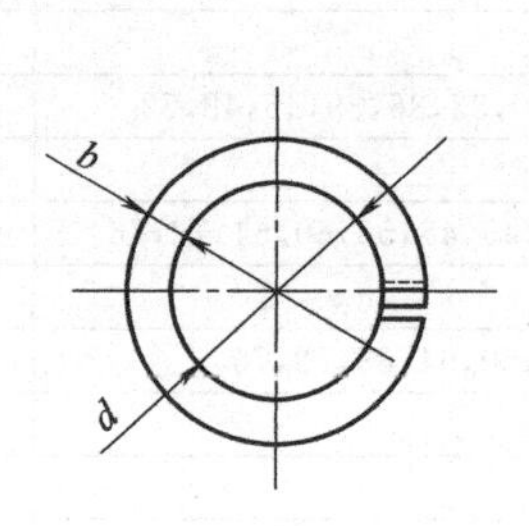

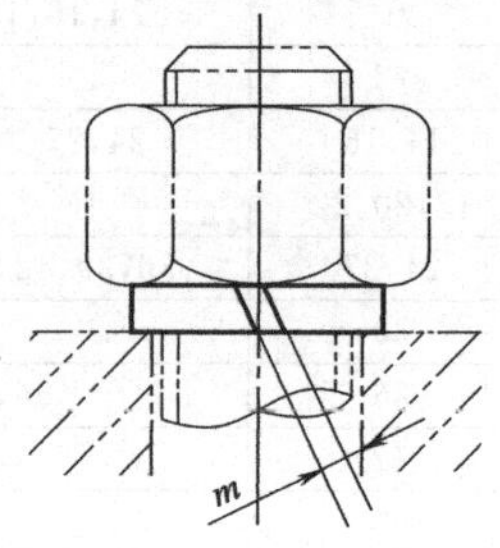

标记示例：

规格 16mm、材料为 65Mn 钢、表面氧化的标准型弹簧垫圈标记为

垫圈 GB/T 93 16

规格（螺纹大径）	d min	GB/T 93—2002			GB/T 859—1987			
		$d(b)$公称	H max	m≤	s 公称	b 公称	H max	m≤
3	3.1	0.8	2	0.4	0.6	1	1.5	0.3
4	4.1	1.1	2.75	0.50	0.8	1.2	2	0.5
5	5.1	1.3	3.25	0.65	1.1	1.5	2.75	0.55
6	6.2	1.6	4	0.8	1.3	2	3.25	0.65
8	8.2	2.1	5.25	1.05	1.6	2.5	4	0.8
10	10.2	2.6	6.5	1.3	2	3	5	1
12	12.3	3.1	7.75	1.55	2.5	3.5	6.25	1.25
(14)	14.3	3.6	9	1.8	3	4	7.5	1.5
16	16.3	4.1	10.25	2.05	3.2	4.5	8	1.6
(18)	18.3	4.5	11.25	2.25	3.5	5	9	1.8
20	20.5	5	12.5	2.5	4	5.5	10	2
(22)	22.5	5.5	13.75	2.75	4.5	6	11.25	2.25
24	24.5	6	15	3	4.8	6.5	12.5	2.5
(27)	27.5	6.8	17	3.4	5.5	7	13.75	2.75
30	30.5	7.5	18.75	3.75	6	8	15	3
36	36.6	9	22.5	4.5	—	—	—	—

注：尽量不采用括号内的规格。

8.3 滚动轴承

滚动轴承见表 8-15～表 8-17。

表 8-15　**深沟球轴承**（GB/T 276—2013）　mm

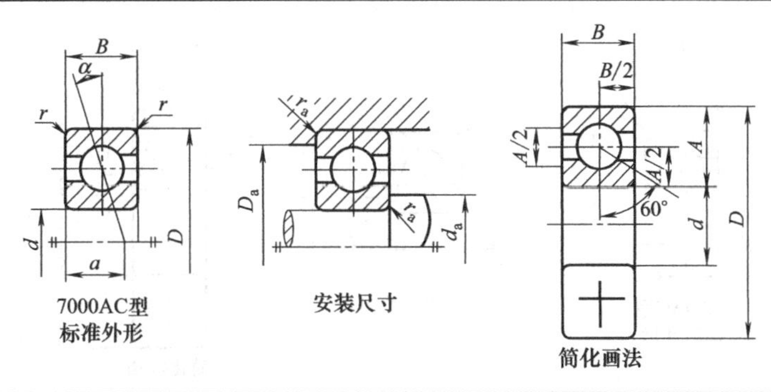

轴承型号	基本尺寸/mm				安装尺寸/mm			基本额定载荷/kN		极限转速/(r/min)	
	d	D	B	r_{min}	d_{amax}	D_{amax}	r_{amax}	C_r	C_{0r}	脂润滑	油润滑
6204	20	47	14	1	26	41	1	9.88	6.18	14000	18000
6205	25	52	15	1	31	46	1	10.8	6.95	12000	16000
6206	30	62	16	1	36	56	1	15.0	10.0	9500	13000
6207	35	72	17	1.1	42	65	1	19.8	13.5	8500	11000
6208	40	80	18	1.1	47	73	1	22.8	15.8	8000	10000
6209	45	85	19	1.1	52	78	1	24.5	17.5	7000	9000
6210	50	90	20	1.1	57	83	1	27.0	19.8	6700	8500
6211	55	100	21	1.5	64	91	1.5	33.5	25.0	6000	7500
6212	60	110	22	1.5	69	101	1.5	36.8	27.8	5600	7000
6213	65	120	23	1.5	74	111	1.5	44.0	34.0	5000	6300
6214	70	125	24	1.5	79	116	1.5	46.8	37.5	4800	6000
6304	20	52	15	1.1	27	45	1	12.2	7.78	13000	17000
6305	25	62	17	1.1	32	55	1	17.2	11.2	10000	14000
6306	30	72	19	1.1	37	65	1	20.8	14.2	9000	12000
6307	35	80	21	1.5	44	71	1.5	25.8	17.8	8000	10000
6308	40	90	23	1.5	49	81	1.5	31.2	22.2	7000	9000
6309	45	100	25	1.5	54	91	1.5	40.8	29.8	6300	8000
6310	50	110	27	2	60	100	2	47.5	35.6	6000	7500
6311	55	120	29	2	65	110	2	55.2	41.8	5600	6700
6312	60	130	31	2.1	72	118	2.1	62.8	48.5	5300	6300
6313	65	140	33	2.1	77	128	2.1	72.2	56.5	4500	5600
6314	70	150	35	2.1	82	138	2.1	80.2	63.2	4300	5300
6404	20	72	19	1.1	27	65	1	23.8	16.8	9500	13000
6405	25	80	21	1.5	34	71	1.5	29.5	21.2	8500	11000
6406	30	90	23	1.5	39	81	1.5	36.5	26.8	8000	10000
6407	35	100	25	1.5	44	91	1.5	43.8	32.5	6700	8500
6408	40	110	27	2	50	100	2	50.2	37.8	6300	8000
6409	45	120	29	2	55	110	2	59.2	45.5	5600	7000
6410	50	130	31	2.1	62	118	2.1	71.0	55.2	5200	6500
6411	55	140	33	2.1	67	128	2.1	77.5	62.5	4800	6000
6412	60	150	35	2.1	72	138	2.1	83.8	70.0	4500	5600
6413	65	160	37	2.1	77	148	2.1	90.8	78.0	4300	5300

表 8-16 角接触球轴承（GB/T 292—2007）

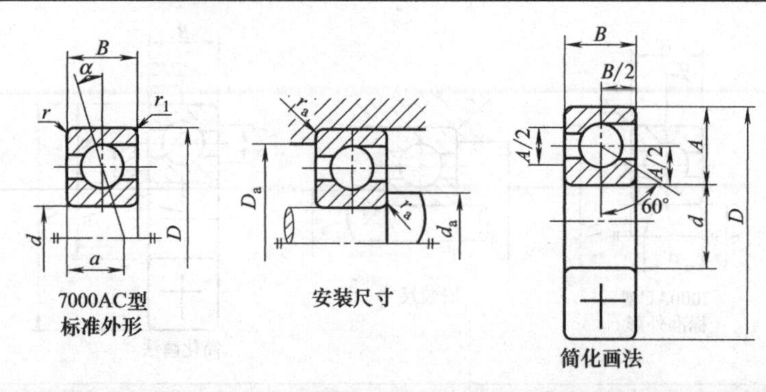

7000AC型标准外形　　安装尺寸　　简化画法

轴承型号		基本尺寸/mm			其他尺寸/mm				安装尺寸/mm			基本额定动载荷 C_r/kN		基本额定静载荷 C_{0r}/kN		极限转速/(r/min)	
		d	D	B	a 7000C型	a 7000AC型	r_{min}	r_{1min}	d_{amax}	D_{amax}	r_{amax}	7000C型	7000AC型	7007	7000AC型	脂润滑	油润滑
7204C	7204AC	20	47	14	11.5	14.9	1	0.3	26	41	1	11.2	10.8	7.46	7.00	13000	18000
7205C	7205AC	25	52	15	12.7	16.4	1	0.3	31	46	1	12.8	12.2	8.95	8.38	11000	16000
7206C	7206AC	30	62	16	14.2	18.7	1	0.3	36	56	1	17.8	16.8	12.8	12.2	9000	13000
7207C	7207AC	35	72	17	15.7	21	1.1	0.6	42	65	1	23.5	22.5	17.5	16.5	8000	11000
7208C	7208AC	40	80	18	17	23	1.1	0.6	47	73	1	26.8	25.8	20.5	19.2	7500	10000
7209C	7209AC	45	85	19	18.2	24.7	1.1	0.6	52	78	1	29.8	28.2	23.8	22.5	6700	9000
7210C	7210AC	50	90	20	19.4	26.3	1.1	0.6	57	83	1	32.8	31.5	26.8	25.2	6300	8500
7211C	7211AC	55	100	21	20.9	28.6	1.5	0.6	64	91	1.5	40.8	38.8	33.8	31.8	5600	7500
7212C	7212AC	60	110	22	22.4	30.8	1.5	0.6	69	101	1.5	44.8	42.8	37.8	35.5	5300	7000
7213C	7213AC	65	120	23	24.2	33.5	1.5	0.6	74	111	1.5	53.8	51.2	46.0	43.2	4800	6300
7214C	7214AC	70	125	24	25.3	35.1	1.5	0.6	79	116	1.5	56.0	53.2	49.2	46.2	4500	6700
7304C	7304AC	20	52	15	11.3	16.8	1.1	0.6	27	45	1	14.2	13.8	9.68	9.10	12000	17000
7305C	7305AC	25	62	17	13.1	19.1	1.1	0.6	32	55	1	21.5	20.8	15.8	14.8	9500	14000
7306C	7306AC	30	72	19	15	22.2	1.1	0.6	37	65	1	26.2	25.2	19.8	18.5	8500	12000
7307C	7307AC	35	80	21	16.6	24.5	1.5	0.6	44	71	1.5	34.2	32.8	26.8	24.8	7500	10000
7308C	7308AC	40	90	23	18.5	27.5	1.5	0.6	49	81	1.5	40.2	38.5	32.3	30.5	6700	9000
7309C	7309AC	45	100	25	20.2	30.2	1.5	0.6	54	91	1.5	49.2	47.5	39.8	37.2	6000	8000
7310C	7310AC	50	110	27	22	33	2	2	60	100	2	58.5	55.5	47.2	44.5	5600	7500
7311C	7311AC	55	120	29	23.8	35.8	2	2	65	110	2	70.5	67.2	60.5	56.8	5000	6700
7312C	7312AC	60	130	31	25.6	38.7	2.1	1.1	72	118	2.1	80.5	77.8	70.2	65.8	4800	6300
7313C	7313AC	65	140	33	27.4	41.5	2.1	1.1	77	128	2.1	91.5	89.8	80.5	75.5	4300	5600
7314C	7314AC	70	150	35	29.2	44.3	2.1	1.1	82	138	2.1	102	98.5	91.5	86.0	4000	5300
7406AC		30	90	23	—	26.1	1.5	0.6	39	81	1	—	42.5	—	32.2	7500	10000
7407AC		35	100	25		29	1.5	0.6	44	91	1.5		53.8		42.5	6300	8500
7408AC		40	110	27		31.8	2	1	50	100	2		62.0		49.5	6000	8000
7409AC		45	120	29		34.6	2	1	55	110	2		66.8		52.8	5300	7000
7410AC		50	130	31		37.4	2.1	1.1	62	118	2.1		76.5		64.2	5000	6700
7412AC		60	150	35		43.1	2.1	1.1	72	138	2.1		102		90.8	4300	5600
7414AC		70	180	42		51.5	3	1.1	84	166	2.5		125		125	3600	4800
7416AC		80	200	48		58.1	3	1.1	94	186	2.5		152		162	3200	4300
7418AC		90	215	54		64.8	4	1.5	108	197	3		178		205	2800	3600

表 8-17　圆锥滚子轴承（GB/T 297—2015）　　mm

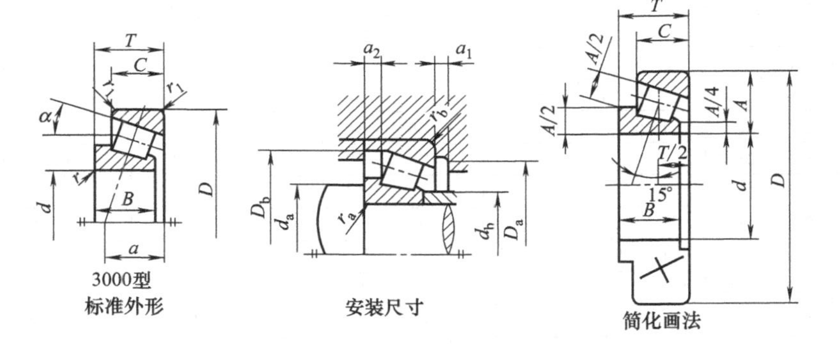

轴承型号	基本尺寸					其他尺寸			安装尺寸								e	Y	Y_0	基本额定载荷/kN		极限转速/(r/min)	
	d	D	T	B	C	$a\approx$	r_{min}	r_{1min}	d_{amin}	d_{bmin}	D_{amax}	D_{bmax}	a_{1min}	a_{2min}	r_{amax}	r_{bmax}				脂润滑		油润滑	
30203	17	40	13.25	12	11	9.8	1	1	23	23	34	37	2	2.5	1	1	0.35	1.7	1	19.8	13.2	9000	12000
30204	20	47	15.25	14	12	11.2	1	1	26	27	41	43	2	3.5	1	1	0.35	1.7	1	26.8	18.2	8000	10000
30205	25	52	16.25	15	13	12.6	1	1	31	31	46	48	2	3.5	1	1	0.37	1.6	0.9	32.2	23	7000	9000
30206	30	62	17.25	16	14	13.8	1	1	36	37	56	58	2	3.5	1	1	0.37	1.6	0.9	41.2	29.5	6000	7500
30207	35	72	18.25	17	15	15.3	1.5	1.5	42	44	65	67	3	3.5	1.5	1.5	0.37	1.6	0.9	51.5	37.2	5300	6700
30208	40	80	19.75	18	16	16.9	1.5	1.5	47	49	73	75	3	4	1.5	1.5	0.37	1.6	0.9	59.8	42.8	5000	6300
30209	45	85	20.75	19	16	18.6	1.5	1.5	52	53	78	80	3	5	1.5	1.5	0.4	1.5	0.8	64.2	44.8	4500	5600
30210	50	90	21.75	20	17	20	1.5	1.5	57	58	83	86	3	5	1.5	1.5	0.42	1.4	0.8	72.2	55.2	4300	5300
30211	55	100	22.75	21	18	21	2	1.5	64	64	91	95	4	5	2	1.5	0.4	1.5	0.8	86.5	65.5	3800	4800
30212	60	110	23.75	22	19	22.4	2	1.5	69	69	101	103	4	5	2	1.5	0.4	1.5	0.8	97.8	74.5	3600	4500
30213	65	120	24.25	23	20	24	2	1.5	74	77	111	114	4	5	1.5	1.5	0.4	1.5	0.8	112	86.2	3200	4000
30214	70	125	26.25	24	21	25.9	2	1.5	79	81	116	119	4	5.5	1.5	1.5	0.42	1.4	0.8	125	97.5	3000	3800
30303	17	47	15.25	14	12	10	1	1	23	25	41	43	3	3.5	1.5	1	0.29	2.1	1.2	26.8	17.2	8500	11000
30304	20	52	16.25	15	13	11	1.5	1.5	27	28	45	48	3	3.5	1	1.5	0.3	2	1.1	31.5	20.8	7500	9500
30305	25	62	18.25	17	15	13	1.5	1.5	32	34	55	58	3	3.5	1.5	1.5	0.3	2	1.1	44.8	30	6300	8000
30306	30	72	20.75	19	16	15	1.5	1.5	37	40	65	66	3	5	1.5	1.5	0.31	1.9	1	55.8	38.5	5600	7000
30307	35	80	22.75	21	18	17	2	1.5	44	45	71	74	3	5	2	1.5	0.31	1.9	1	71.2	50.2	5000	6300

续表

轴承型号	基本尺寸					其他尺寸			安装尺寸								e	Y	Y_0	基本额定载荷/kN		极限转速/(r/min)	
	d	D	T	B	C	$a\approx$	r_{min}	r_{1min}	d_{amin}	d_{bmin}	D_{amax}	D_{bmax}	a_{1min}	a_{2min}	r_{amax}	r_{bmax}				脂润滑		油润滑	
30308	40	90	25.75	23	20	19.5	2	1.5	49	52	81	84	3	5.5	2	1.5	0.35	1.7	1	86.2	63.8	4500	5600
30309	45	100	27.25	25	22	21.5	2	1.5	54	59	91	94	3	5.5	2	1.5	0.35	1.7	1	102	76.2	4000	5000
30310	50	110	29.25	27	23	23	2.5	2	60	65	100	103	4	6.5	2.1	2	0.35	1.7	1	122	92.5	3800	4800
30311	55	120	31.5	29	25	25	2.5	2	65	70	110	112	4	6.5	2.1	2	0.35	1.7	1	145	112	3400	4300
30312	60	130	33.5	31	26	26.5	3	2.5	72	76	118	121	5	7.5	2.5	2.1	0.35	1.7	1	162	125	3200	4000
30313	65	140	36	33	28	29	3	2.5	77	83	128	131	5	8	2.5	2.1	0.35	1.7	1	185	142	2800	3600
30314	70	150	38	35	30	30.6	3	2.5	82	89	138	141	5	8	2.5	2.1	0.35	1.7	1	208	162	2600	3400
32206	30	62	21.25	20	17	15.4	1	1	36	36	56	58	3	4.5	1	1	0.37	1.6	0.9	49.2	37.2	6000	7500
32207	35	72	24.25	23	19	17.6	1.5	1.5	42	42	65	68	3	5.5	1.5	1.5	0.37	1.6	0.9	67.5	52.5	5300	6700
32208	40	80	24.75	23	19	19	1.5	1.5	47	48	73	75	3	6	1.5	1.5	0.37	1.6	0.9	74.2	56.8	5000	6300
32209	45	85	24.75	23	19	20	1.5	1.5	52	53	78	81	3	6	1.5	1.5	0.4	1.5	0.8	79.5	62.8	4500	5600
32210	50	90	24.75	23	19	21	1.5	1.5	57	57	83	86	3	6	1.5	1.5	0.42	1.4	0.8	84.8	68	4300	5300
32211	55	100	26.75	25	21	22.5	2	1.5	64	62	91	96	4	6	2	1.5	0.4	1.5	0.8	102	81.5	3800	4800
32212	60	110	29.75	28	24	24.9	2	1.5	69	68	101	105	4	6	2	1.5	0.4	1.5	0.8	125	102	3600	4500
32213	65	120	32.75	31	27	27.2	2	1.5	74	75	111	115	4	6	2	1.5	0.4	1.5	0.8	152	125	3200	4000
32214	70	125	33.25	31	27	27.9	2	1.5	79	79	116	120	4	6.5	2	1.5	0.42	1.4	0.8	158	135	3000	3800
32303	17	47	20.25	19	16	12	1	1	23	24	41	43	3	4.5	1	1	0.29	2.1	1.2	33.5	23	8500	11000
32304	20	52	22.25	21	18	13.4	1.5	1.5	27	26	45	48	3	4.5	1.5	1.5	0.3	2	1.1	40.8	28.8	7500	9500
32305	25	62	25.25	24	20	15.5	1.5	1.5	32	32	55	58	3	5.5	1.5	1.5	0.3	2	1.1	58.5	42.5	6300	8000
32306	30	72	28.75	27	23	18.8	1.5	1.5	37	38	65	66	4	6	1.5	1.5	0.31	1.9	1	77.5	58.8	5600	7000
32307	35	80	32.75	31	25	20.5	2	1.5	44	43	71	74	4	8	2	1.5	0.31	1.9	1	93.8	72.2	5000	6300
32308	40	90	35.25	33	27	23.4	2	1.5	49	49	81	83	4	8.8	2	1.5	0.35	1.7	1	110	87.8	4500	5600
32309	45	100	38.25	36	30	25.6	2	1.5	54	56	91	93	4	8.5	2	1.5	0.35	1.7	1	138	111.8	4000	5000
32310	50	110	42.25	40	33	28	2.5	2	60	61	100	102	5	9.5	2.1	2	0.35	1.7	1	168	140	3800	4800
32311	55	120	45.5	43	35	30.6	2.5	2	65	66	110	111	5	10.5	2.1	2	0.35	1.7	1	192	162	3400	4300
32312	60	130	48.5	46	37	32	3	2.5	72	72	118	122	6	11.5	2.5	2.1	0.35	1.7	1	215	180	3200	4000
32313	65	140	51	48	39	34	3	2.5	77	79	128	131	6	12	2.5	2.1	0.35	1.7	1	245	208	2800	3600
32314	70	150	54	51	42	36	3	2.5	82	84	138	141	6	12	2.5	2.1	0.35	1.7	1	285	242	2600	3400

8.4　公差与配合

公差与配合见表 8-18～表 8-24。

表 8-18　基本尺寸至 500mm 标准公差数值　　μm

基本尺寸/mm		标准公差等级							
大于	至	IT5	IT6	IT7	IT8	IT9	IT10	IT11	IT12
3	6	5	8	12	18	30	48	75	120
6	10	6	9	15	22	36	58	90	150
10	18	8	11	18	27	43	70	110	100
18	60	9	13	21	33	52	84	130	210
30	50	11	16	25	39	62	100	160	250
50	80	13	19	30	46	74	120	190	300
80	120	15	22	35	54	87	140	220	350
120	180	18	25	40	63	100	160	250	400
180	250	20	29	46	72	115	185	290	460
250	315	23	32	52	81	130	210	320	520
315	400	25	36	57	89	140	230	360	570
400	500	27	40	63	97	155	250	400	630

表 8-19　轴的极限偏差　　μm

公称尺寸/mm		公差带												
		c	d	f	g	h				k	n	p	s	u
大于	至	11	9	7	6	6	7	9	11	6	6	6	6	6
10	14	−95 −205	−50 −93	−16 −34	−6 −17	0 −11	0 −18	0 −43	0 −110	+12 +1	+23 +12	+29 +18	+39 +28	+44 +33
14	18													
18	24	−110 −240	−65 −117	−20 −41	−7 −20	0 −13	0 −21	0 −52	0 −130	+15 +2	+28 +15	+35 +22	+48 +35	+54 +41
24	30													+61 +48
30	40	−120 −280	−80 −142	−25 −50	−9 −25	0 −16	0 −25	0 −62	0 −160	+18 +2	+33 +17	+24 +26	+59 +43	+76 +60
40	50	−130 −290												+86 +70
50	65	−140 −330	−100 −174	−30 −60	−10 −29	0 −19	0 −30	0 −74	0 −174	+21 +2	+39 +20	+51 +32	+72 +53	+106 +87
65	80	−150 −340											+78 +59	+121 +102
80	100	−170 −390	−120 −207	−36 −71	+12 −34	0 −22	0 −35	0 −87	0 −220	+25 +3	+45 +23	+59 +37	+93 +71	+146 +124
100	120	−180 −400											+101 +79	+166 +144
120	140	−200 −450	−145 −245	−43 −83	−14 −39	0 −25	0 −40	0 −100	0 −250	+28 +3	+52 +27	+68 +43	+117 +92	+195 +170
140	160	−210 −460											+125 +100	+215 +190
160	180	−230 −480											+133 +108	+235 +210

续表

公称尺寸/mm		公差带												
		c	d	f	g	h				k	n	p	s	u
大于	至	11	9	7	6	6	7	9	11	6	6	6	6	6
180	200	−240											+51	+265
		−530											+122	+236
200	225	−260	−170	−50	+15	0	0	0	0	+33	+60	+79	+159	+287
		−550	−285	−96	−44	−29	−46	−115	−290	+4	+31	+50	+130	+258
225	250	−280											+169	+313
		−570											+140	+284
250	280	−300											+190	+347
		−620	−190	−56	−17	0	0	0	0	+36	+66	+88	+158	+315
280	315	−330	−320	−108	−49	−32	−52	−130	−320	+4	+34	+56	+202	+382
		−650											+170	+350

表 8-20 孔的极限偏差 μm

公称尺寸/mm		公差带												
		C	D	F	G	H				K	N	P	S	U
大于	至	11	9	8	7	7	8	9	11	7	7	7	7	7
10	14	+205	+93	+43	+24	+18	+27	+43	+110	+6	−5	−11	−21	−26
14	18	+95	+50	+16	+6	0	0	0	0	−12	−23	−21	−39	−44
18	24													−33
		+204	+117	+53	+28	+21	+33	+52	+130	+6	−7	−14	−27	−54
24	30	+110	+65	+20	+7	0	0	0	0	−15	−28	−35	−48	−40
														−61
30	40	+280												−51
		+120	+142	+64	+34	+25	+39	+62	+160	+7	−8	−17	−34	−76
40	50	+290	+80	+25	+9	0	0	0	0	−18	−33	−42	−59	−61
		+130												−86
50	65	+330											−42	−76
		+140	+174	+76	+40	+30	+46	+74	+190	+9	−9	−21	−72	−106
65	80	+340	+100	+30	+10	0	0	0	0	−21	−39	−51	−48	−91
		+150											−78	−121
80	100	+390											−58	−111
		+170	+207	+90	+47	+35	+54	+87	+220	+10	−10	−24	−93	−146
100	120	+400	+120	+36	+12	0	0	0	0	−25	−45	−59	−66	−131
		+180											−101	−166
120	140	+450											−77	−155
		+200											−117	−195
140	160	+460	+245	+106	+54	+40	+63	+100	+250	+12	−12	−28	−85	−175
		+210	+145	+43	+14	0	0	0	0	−28	−52	−68	−125	−215
160	180	+480											−93	−195
		+230											−133	−235
180	200	+530											−105	−219
		+240											−151	−265
200	225	+550	+285	+122	+61	+46	+72	+115	+290	+13	−14	−33	−113	−241
		+260	+170	+50	+15	0	0	0	0	−33	−60	−79	−159	−287
225	250	+570											−123	−267
		+280											−169	−313
250	280	+620											−138	−295
		+300	+320	+137	+69	+52	+81	+130	+320	+16	−14	−36	−190	−347
280	315	+650	+190	+56	+17	0	0	0	0	−36	−66	−88	−150	−330
		+330											−202	−382

表 8-21　平行度、垂直度、倾斜度公差　　μm

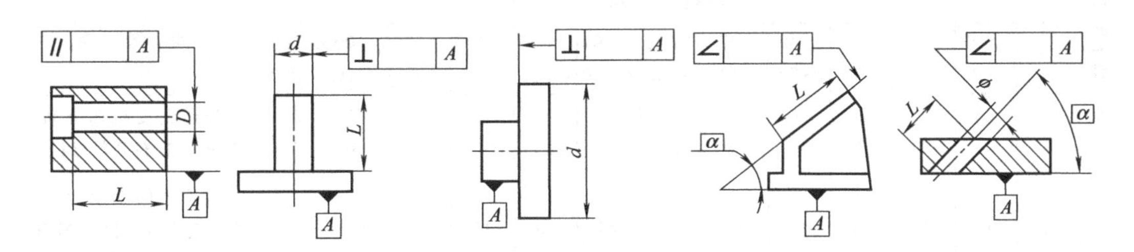

公差等级	主参数 L、d(D)/mm											应用举例	
	≤10	>10~16	>16~25	>25~40	>40~63	>63~100	>100~160	>160~250	>250~400	>400~630	>630~1000	平行度	垂直度和倾斜度
5	5	6	8	10	12	15	20	25	30	40	50	用于重要轴承孔对基准面的要求，一般减速器箱体孔的中心线等	用于安装/P4、/P5级轴承的箱体的凸肩，发动机轴和离合器的凸缘
6	8	10	12	15	20	25	30	40	50	60	80	用于一般机械中箱体孔中心线的要求，如减速器箱体的轴孔、7～10级精度齿轮传动箱体孔的中心线	用于安装/P6、/P0级轴承的箱体孔的中心线，低精度机床主要基准面和工作面
7	12	15	20	25	30	40	50	60	80	100	120		
8	20	25	30	40	50	60	80	100	120	150	200	用于重型机械轴承盖的端面，手动传动装置中传动轴	用于一般导轨，普通传动箱体中的轴肩
9	30	40	50	60	80	100	120	150	200	250	300	用于低精度零件，重型机械滚动轴承端盖	用于花键轴肩端面，减速器箱体平面等
10	50	60	80	100	120	150	200	250	300	400	500		
11	80	100	20	150	200	250	300	400	500	600	800	零件的非工作面，卷扬机、运输机上用的减速器壳体平面	农业机械齿轮端面
12	120	150	200	250	300	400	500	600	800	1000	1200		

表 8-22　直线度、平面度公差　　μm

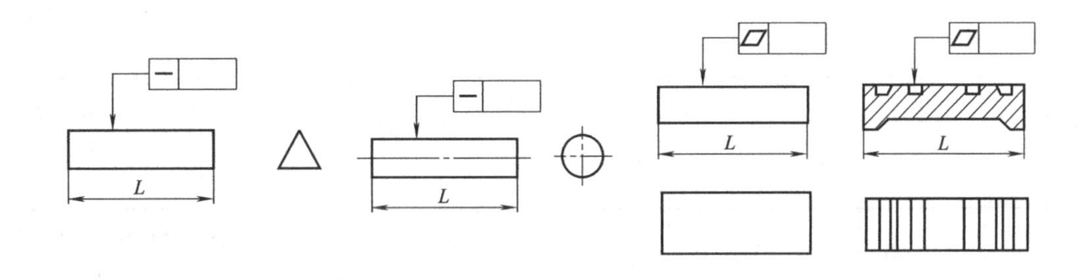

续表

精度等级	主参数 L/mm													应用举例(参考)
	≤10	>10~16	>16~25	>25~40	>40~63	>63~100	>100~160	>160~250	>250~400	>400~630	>630~1000	>1000~1600	>1600~2500	
5 6	2 3	2.5 4	4 6	5 8	6 10	8 12	10 15	12 20	15 25	20 30	20 30	25 40	30 50	普通精度机床导轨，柴油机进、排气门导杆
7 8	5 8	6 10	8 12	10 15	12 20	15 25	20 30	25 40	30 50	40 60	50 80	60 100	80 120	轴承体的支承面，压力机导轨及滑块，减速器箱体、液压泵、轴系支承轴承的接合面
9 10	12 20	15 25	20 30	25 40	30 50	40 60	50 80	60 100	80 120	100 150	120 200	150 250	200 300	辅助机构及手动机械的支承面，液压管件和法兰的连接面
11 12	30 60	40 80	50 100	80 120	100 200	120 250	150 300	200 400	250 500	250 500	300 600	400 800	500 1000	离合器的摩擦片，汽车发动机缸盖接合面

表 8-23 圆度、圆柱度公差 μm

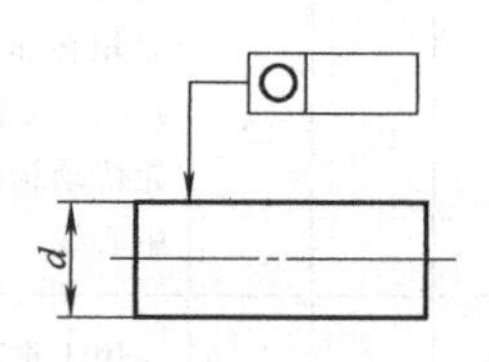

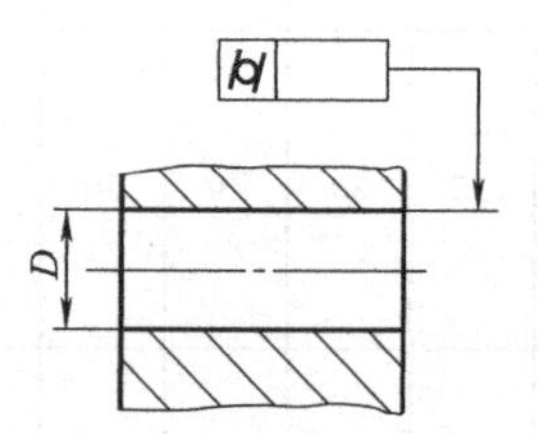

精度等级	主参数 d(D)/mm												应用举例(参考)
	>3~6	>6~10	>10~18	>18~30	>30~50	>50~80	>80~120	>120~180	>180~250	>250~315	>315~400	>400~500	
5 6	1.5 2.5	1.5 2.5	2 3	2.5 4	2.5 4	3 5	4 6	5 8	7 10	8 12	9 13	10 15	安装/P6、/P0级滚动轴承的配合面，中等压力下的液压装置工作面(包括泵、压缩机的活塞和气缸)，风动绞车曲轴，通用减速器轴颈，一般机床主轴
7 8	4 5	4 6	5 8	6 9	7 11	8 13	10 15	12 18	14 20	16 23	18 25	20 27	发动机的涨圈和活塞销及连杆中装衬套的孔等，千斤顶或压力油缸活塞，水泵及减速器轴颈，液压传动系统的分配机构，拖拉机气缸体，炼胶机冷铸轧辊
9 10	8 12	9 15	11 18	13 21	16 25	19 30	22 35	25 40	29 46	32 52	36 57	40 63	起重机、卷扬机用的滑动轴承，带软件密封的低压泵的活塞和气缸
11	18	22	27	33	39	46	54	63	72	81	89	97	通用机械杠杆与拉杆，拖拉机的活塞环与套筒孔

表 8-24　同轴度、对称度、圆跳动和全跳动公差　μm

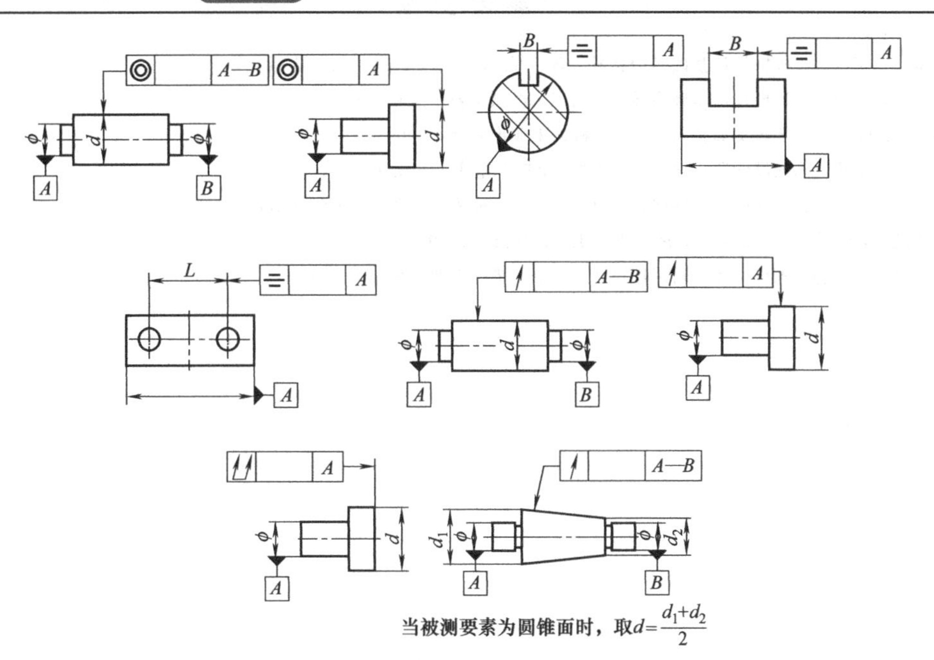

当被测要素为圆锥面时，取$d=\frac{d_1+d_2}{2}$

精度等级	主参数 $d(D)$、B、L/mm											应用举例(参考)
	>3 ~6	>6 ~10	>10 ~18	>18 ~30	>30 ~50	>50 ~120	>120 ~250	>250 ~500	>500 ~800	>800 ~1250	>1250 ~2000	
5 6	3 5	4 6	5 8	6 10	8 12	10 15	12 20	15 25	20 30	25 40	30 50	6 级和 7 级精度齿轮轴的配合面，较高精度的快速轴，汽车发动机曲轴和分配轴的支承轴颈，较高精度机床的轴套
7 8	8 12	10 15	12 20	15 25	20 30	25 40	30 50	40 60	50 80	60 100	80 120	8 级和 9 级精度齿轮轴的配合面，拖拉机发动机分配轴轴颈，普通精度高速轴(1000r/min 以下)，长度在 1m 以下的主传动轴，起重运输机的鼓轮配合孔和导轮的滚动面
9 10	25 50	30 60	40 80	50 100	60 120	80 150	100 200	120 250	150 300	200 400	250 500	10 级和 11 级精度齿轮轴的配合面，发动机气缸套配合面，水泵叶轮离心泵泵件，摩托车活塞，自行车中轴
11 12	80 150	100 200	120 250	150 300	200 400	250 500	300 600	400 800	500 1000	600 1200	800 1500	用于无特殊要求，一般按尺寸公差等级 IT12 制造零件

注：当被测要素为圆锥面时，取 $d=(d_1+d_2)/2$。

参考文献

[1] 罗玉福，王少岩. 机械设计基础实训指导. 第5版. 大连：大连理工大学出版社，2014.

[2] 柴鹏飞，王晨光. 机械设计基础指导书. 北京：机械工业出版社，2006.

[3] 蔡广新. 机械设计基础实训教程. 北京：机械工业出版社，2002.

[4] 韩莉，王欲进. 机械设计课程设计. 第3版. 重庆：重庆大学出版社，2016.

[5] 贾北平，韩贤武. 机械设计基础课程设计. 第2版. 武汉：华中科技大学出版社，2012.

[6] 于兴芝. 机械零件课程设计. 北京：机械工业出版社，2009.

[7] 闵小琪，万春芬. 机械设计基础课程设计. 北京：机械工业出版社，2010.